中学生
走向成功路上的自助餐

ZHONGXUESHENG
ZOUXIANG CHENGGONG LUSHANG DE
ZIZHUCAN

杨志峰　主编

河北出版传媒集团
河北人民出版社
石家庄

图书在版编目（CIP）数据

中学生走向成功路上的自助餐 / 杨志峰主编. -- 石家庄：河北人民出版社，2020.11
ISBN 978-7-202-15066-5

Ⅰ. ①中… Ⅱ. ①杨… Ⅲ. ①成功心理—少儿读物
Ⅳ. ①B848.4-49

中国版本图书馆CIP数据核字(2020)第232575号

书　　名	中学生走向成功路上的自助餐	
主　　编	杨志峰	
责任编辑	李　莉　刘晓冬	
美术编辑	李　欣	
责任校对	付敬华	
出版发行	河北出版传媒集团　河北人民出版社	
	（石家庄市友谊北大街330号）	
印　　刷	石家庄市汇昌印刷有限公司	
开　　本	787毫米×1092毫米　1/16	
印　　张	11	
字　　数	160 000	
版　　次	2020年11月第1版　2020年11月第1次印刷	
书　　号	ISBN 978-7-202-15066-5	
定　　价	32.00元	

久有凌云志　山高我为峰

——为《中学生走向成功路上的自助餐》序

己亥岁尾，于古都邯郸年会上，曲周县南里岳中学校长杨志峰送我一本样书，嘱我为之作序。我本惶恐，但见书名《中学生走向成功路上的自助餐》，眼睛却为之一亮。脑中不禁冒出一句"久有凌云志，山高我为峰"的句子来。

不仅仅是因为这句子中嵌了"志峰"二字，更是因为这书名中"自助餐"抓人"眼球"。"成功路上的自助餐"显然在讲"成功的自我努力"，但作者不说"自我努力"，而说"自助餐"，新颖！与众不同！别具韵味！"山"本已"高"，可"我"却是"高"之"顶尖"！再是南里岳中学属于乡镇学校，条件自然不能与城市的学校比，但杨校长并没有放弃自己的追求。面对大量的乡、镇、村的学生，虽然这些孩子所处的条件比较差，但是他并不认为这些孩子就不是人才，就不是成功者。他要用自己的努力，自己的才智，从培养"人"的角度去培养这些孩子。

一些乡村的学校，为了让孩子早些从"农门"跳入"龙门"，更多的是注重对学生学科知识的灌输，对学生参加"应试"的能力训练，而杨校长却不仅仅这些，他要从更高的层面更"真正意义"上的角度培养"成功者"！教育，不仅仅是"教书"，更在于"育人"！作为一直工作在底层的乡村教育工作者，杨校长其"志"并非始自今日，从书中所积累素材可以感觉出"久"已有之，且教育观之"高"，远远超出好多乡村学校甚至城市学校包括一些大城市学校死盯"应试"和"分数"的做法。一些占有社会办学优质教育资源的学校为了确保所谓"考试成绩"，不惜代价挖空心思甚至"疯狂"地或"冠冕堂皇"地或"地下运作"地"抢""挖""霸"所谓"优质生源"的做法，更是与杨校长的教育观相悖甚远。这也让我不禁想到了陶行知先生，还想到了他说过的一句话："千教万教教人求真，千学万学学做真人。"是的，教育就是"教人求真""学做真人"。这也正如杨校长在书中借用美国著名作家、《成功》杂志创办人马登的话所说的，什么叫成功？"以高贵的品格赢得做人的成功，才是真正意义的成功。"杨校长不但"志"久，且"峰"高，不能不令人赞佩。

此书分为五大部分。一、增强内在动力；二、形成高尚人格；三、养成良好习惯；四、丰富思维智慧；五、提高学习效率。作者从这五个方面多角度地、深入浅出地为学生讲授了成功的"自助"方法。这五个方面具有内在的联系性，相辅相成，且递进提升。首先是树立远大的目标，增强内在的动力。这是成功的第一步，因为无志无以成才。有了远大的人生目标和正确的人生观、价值观和世界观，自然就有了第二步——形成高尚的人格。有了这两步，第三步"养成良好的习惯"也会自然产生。具备了这前三步，人的"思维智慧""学习效率"就自然而然地随之而来。这五个部分不可偏废，只有系统地综合地运用，才能获得"真正意义"上的大成功，"单独一方面"只能是小成功。作者在每一个部分的讲授过程中，都融进了古今中外的一些小故事，浅显易懂，增强了阅读的趣味性、生动性和形象性，很适合学生阅读和接受。

读此书，名义上是为之作序，其实，"序"之合否要求尚需商榷，倒是读后收获不小。故为此书点赞，为杨校长点赞，为能够为乡村孩子"走向成功"支招点赞！心存乡村教育，唯怀有教育大情怀者能为此！故补齐开头两句是为结束：

> 久有凌云志，
> 山高我为峰；
> 行知如自助，

功到自然成；

孜孜以求者，

教学做真人。

翟暾

2020 年 1 月 16 日于北京

（翟暾，中国教育学会中语会"新课程中小学'简快作文'课堂教学实践研究"课题组组长，中国智慧工程研究会重点课题"名师、名校、名校长之成长规律与发展策略研究"课题组组长，中国教育发展战略学会"钱学森大成智慧教育思想研究与实践"课题组主要成员，北京市人民政府基础教育教学科研成果奖获得者，清华大学附属中学原高级教师）

前　　言

亲爱的同学，你一定希望自己能够成功吧！比如学习好，考上好大学，找到好工作，能够干出一番大事业，成为一位有作为的人，成为国家和社会的有用人才，等等。

不光是我们学生，不同行业的人也都希望自己成功，但对不同的人而言，成功的含义有所不同。我们学生希望自己学习取得优异的成绩，考入好学校是成功，而从政者希望自己的官职得到提拔升迁，经商者希望自己能够赚大笔钱，医生希望自己治好久医不愈的病人，运动员希望自己在赛场上取得奖牌，演员希望自己在舞台上走红……

成功是人人都所企盼的，而且成功不仅仅指最优秀的，比如成绩在班内第一名是成功，那前五名、前十名也是成功；升入重点大学的是成功，升入一般大学的也是成功；毕业后当了公务员的是成功，当了教师、医生、企业员工的也是成功；当了总理、省长是成功，当了市长、县长、局长、乡长的同样也是成功；经商者盈利几个亿、几千万是成功，盈利几百万、几十万也是成功；运动员拿金牌是成功，同样拿到铜牌、银牌的也是成功……

总之，学有所成，做有成就，无论大小，都可算作成功。但是，成功仅仅停留在这个层面上还不算真正意义上的成功。那么什么是真正意义上的成功呢？美国著名作家、《成功》杂志创办人马登说："以高贵的品格赢得做人的成功，才是真正意义的成功。"他在《伟大的励志书》中写道："每个人的一生，都应该有比他的成就更伟大、比他的财富更耀眼、比他的才华更高贵、比他的名声更持久的东西。"这个东西就是高尚的人格，达此境界便是做人的成功，才是人生真正的最伟大的成功。

因此，成功是在自己高尚的道德品质的指导下，在与各种困难的挑战中超越自我，最大限度地挖掘自己的内在潜力，最大限度地实现自己的人生价值。

你现在能够理解"成功"真正的含义了吗？成功并不能完全用一时的成绩优劣、一时级别的高低、一时金钱的多少来评价，不同的人，成功的标准也不相同，并不一定非要有叱咤风云的权威、超越凡人的智慧、用之不竭的财富。因此，同学们在学习中不要急于求成，不要以一时成绩的优异而自以为是，这只是迈向成功的一小步，也不能因为一时成绩的落后，就认为没有前途，而自暴自弃，这是成功前对你有没有信心、有没有决心、有没有坚强的意志和毅力的考验。要相信"天生我材必有用"，"故天将降大任于斯人也，必先苦其心志，劳其筋骨，饿其体肤，空乏其身，行拂乱其所为，所以动心忍性，曾益其所不能。"

那么怎样才能成功呢？有这样一个故事，一位老人来到一间餐馆想找点东西吃，他坐在空无一物的餐桌旁，等着有人拿菜单来为他点菜。但是没有人来，他等了很久，直到他看到有一个女人端着满满的一盘食物过来坐在他的对面。

老人问女人怎么没有服务员，女人告诉他这是一家自助餐馆。"从一头开始你挨个地拣你喜欢吃的菜，等你拣完到另一头，他们会告诉你该付多少钱。"女人告诉他。

老人说，从此他知道了一个做事的法则："在这里，人生就是一顿'自助餐'。只要你愿意付费，你想要什么都可以，你可以获得成功。但如果你只是一味地等着别人把它拿给你，你将永远也成功不了。你必须站起身来，自己去拿。"自助，就意味着你要靠自己，要主动出击，寻找机会。

因此，我要告诉你，成功固然需要机遇，但是幸运女神不会垂青于守株待兔的人。要想成功，就必须自助，必须依靠你自己的努力，必须自己积极主动学习，为你成功汲取需要的营养。尤其是在 2020 年新冠肺炎引起的"超长版"寒假中，同学们居家自学或通过网络听课，更加突显出个人自助在走向学习成功的重要性。

本书就是从"增强内在动力""形成高尚人格""养成良好习惯""丰富思维智慧""提高学习效率"五个部分，从多个方面入手，进行逐一举例和分析，目的就是为了让你不但更好地理解走向成功的每一个要点，而且理解每个要点都不是孤立的，而是相辅相成的，并不是单独一方面就能使人成功，就像就餐需要荤菜与素菜、粗粮与细粮均匀搭配，才能有利于身体健康一样。现在只要你愿意学习，这每一个要点都会成为你成功的"营养"。希望你能通过阅读本书有所启发，有所理解，有所进步，有所收获。

编者

目　录

第一章

增强内在动力

　　内在动力，即来自本身内心的驱动力，也就是内心把一件事情做好的欲望。要通过树立人生理想目标、正确的世界观、人生观、价值观，以及培养兴趣爱好，增强信念毅力等方面，激发内心的进步动力，促使我们不断走向成功。这种发自内心的力量才是个人发展的持久力量，才是走向成功的真正动力。

成功靠自己把握，幸福靠自己争取

——自己的命运掌握在自己手中

亲爱的同学，你认为人生成功与否的关键是什么呢？是父母的职位高低，还是家庭的社会背景与家庭金钱的多少呢？是靠上帝的主宰，还是靠自己的拼搏追求呢？下面来看这两个小故事，自己找找答案吧！

💡 故事一：自己拯救自己的小蜗牛

小蜗牛问妈妈：为什么我们生下来，就要背负这个又硬又重的壳呢？

妈妈：因为我们的身体没有骨骼的支撑，只能爬，又爬不快。所以要这个壳的保护！

小蜗牛：毛虫姐姐没有骨头，也爬不快，为什么她却不用背这个又硬又重的壳呢？

妈妈：因为毛虫姐姐能变成蝴蝶，天空会保护她呀。

小蜗牛：可是蚯蚓弟弟也没骨头也爬不快，也不会变成蝴蝶，他为什么不背这个又硬又重的壳呢？

妈妈：因为蚯蚓弟弟会钻土，大地会保护他呀。

小蜗牛哭了起来：我们好可怜，天空不保护，大地也不保护。

蜗牛妈妈安慰他：所以我们有壳啊！我们不靠天也不靠地，我们靠自己。

有一个自以为是的年轻人，毕业以后，屡次碰壁，一直找不到理想的工作，他觉得自己怀才不遇，对社会感到非常失望。痛苦绝望之下，有一天，他来到大海边，打算结束自己的生命。

这时，正好有一位老人从附近走过，救了他。老人问他为什么要走绝路，他说自己得不到别人和社会的承认，没有人欣赏并且重用他……

老人从脚下的沙滩上捡起一粒沙，让年轻人看了看，然后就随便地扔在地上，对年轻人说："请你把我刚才扔在地上的那粒沙子捡起来。"

"这根本不可能！"年轻人说。

老人没有说话，从自己的口袋里掏出一颗晶莹剔透的珍珠，也是随便扔在地上，然后对年轻人说："你能不能把这颗珍珠捡起来呢？"

"这当然可以！"

"那你就应该明白是为什么了吧？现在你自己还不是一颗珍珠，所以你不能苛求别人立即承认你。如果要别人承认，那你就要想办法使自己变成一颗珍珠才行。"年轻人蹙眉低首，一时无语。

有时候，你必须知道自己是普通的沙粒，而不是价值连城的珍珠，你要卓尔不群，那你就要有鹤立鸡群的资本才行。所以忍受不了打击和挫折，承受不住忽视和平淡，就难以达到成功。若要自己卓然出众，那就要努力使自己成为一颗珍珠。

亲爱的同学，世上没有救世主，我们只能自己救自己，你就是自己的救世主。只有自助才会有人助，才会有奇迹发生。

贝纳德说："命运有一半在你的手中，只有另一半才在上帝的手中。你的努力越超常，你手里的那一半命运就越强大，你的收获也就越丰硕。在你彻底绝望的时候，别忘了自己拥有一半的命运。在你得意忘形的时候，别忘了上帝的手里还握着另一半。你一生的努力就是：用你自己手中的一半，去获取上帝手中的另一半。所谓的'与命运抗争'，就是这个意思。其实说到底，还是与自己抗争。"

亲爱的同学们，尤其是生在农村、长在农村的孩子们，一定要认识到你的一半命运掌握在自己手中，因为在生活环境、文化氛围、物质条件和家庭条件都落后于城市的情况下，要想成才就必须靠自己设立奋斗目标，树立理想，培养自信心。初中生随着年龄的增长，心智逐渐成熟，逐渐有了自己的认识和思想，能够确立自己的奋斗目标，能够树立自己的世界观、人生观及价值观，从而促使自己不断增强学习兴趣。要从平时一点一滴的小事做起，严格要求自己的言行，养成良好的学习习惯、生活习惯和品行习惯，在人生长途中不断学习，积极向上，锻炼自己的意志和毅力，逐渐实现自己的理想和目标，实现奉献社会和完善自我的有机结合，从而成为真正的成功者。

确立人生目标，理想引导现实

——树立远大的人生理想

亲爱的同学，你知道什么是理想吗？你有自己的人生理想和奋斗目标吗？你知道理想的力量有多大吗？简单地说，理想就是具有实现可能性的、对未来的向往和追求。在人生的道路上，每个人对未来都应充满向往和追求，都应有自己的奋斗目标，这种目标和追求就是理想。现在我们常说的梦想，也就是理想。理想也被人们称为"人生的精神支柱"，是人生成功的向导。

每个人的潜能都是巨大的，一旦拥有了理想，树立了明确的目标，内心的力量就会找到方向，就能爆发出惊人的力量。

请看下面两个小故事，感受人生理想所爆发出来的力量。

 故事一：教育达人王金战老师的大学梦

王金战老师是著名教育专家、全国优秀教师、中科院博士、中国科学院大学基础教育研究院执行院长、中国科学院大学附属学校执行校长等。他从教三十多年，曾任班主任、教导主任、校长等职，积累了丰富的教学管理经验。2003 年他所带 55 名学生的一个班，37 人进了清华、北大，10 人进了英国剑桥大学、牛津大学、美国耶鲁大学等名校。

他的教育著作《英才是怎样造就的》《中国英才家庭造》《学习哪有那么难》等70多本书一直排在教育类畅销图书的前列。他数百次做客中央电视台等媒体，巡行全国各地做了上千场报告会，他的精彩演讲令成千上万的家长、学生、教师为之感动，为之顿悟。他被誉为高考战神、当今教育名人、出色的激励大师、孩子成才的设计师。

但你知道他上学时的故事吗？你知道他是如何考上大学的吗？

王金战老师坦言自己就曾是"差生"，最清楚"差生"的心理。他常拿自己早年的经历向学生现身说法。

上中学时，全班有50来个学生，王金战成绩排在40名以后。那会儿他根本不想学，一心想着毕业了，接父亲的班工作。1978年寒假刚过，班主任动员成绩排在前5名的学生备考。他对老师说，他今年也想考大学。而遭到班主任鄙视的感觉使他的自尊心一下脱落了，同时那几个学习好的同学，觉得受了侮辱，也嘲笑他："如果你能考上大学，我们就能直接大学毕业了。"王金战说："所以那天上课后，这五个同学排着队来到我的跟前，因为他们一个人对付不了我。第三个，第四个，第五个，一个说得比一个难听。有一种从没有过的激情在心中升腾，我把那个桌子啪一拍，站起来指着五个人的鼻子就骂起来，骂完就算了吗？我说，有谁规定我不能考大学？我本来已经放弃考大学这个念头，就凭你们五个人的德性，我今年非考个大学让你们看一看，还说不准谁能考得上呢？咱们走着瞧！说了一句过头的话，这句过头的话它竟然改变了我的一生。"

当时他正住校，晚上过了9点学校就不发电，只能点煤油灯。宿舍里铺上全是柴草，容易着火，所以学校严禁点煤油灯。因为王金战一而再，再而三地在煤油灯下学习，校长火了，把他的灯摔碎，并责令他在全校大会上做检讨。

王金战仍不死心，四下找学习的地儿，终于发现了一个空地窖。"我的内心一阵狂喜！每天晚上，别人回宿舍了，我就提着煤油灯到菜窖里看书，一看看到半夜，那种感觉太好了……"

"我有一次做一套数学卷子，做到一个因式分解的题，不会做，我又把高二数学的课本看了看，高二的课本上也没有因式分解，高一的课本上也没有因式分解，我说这个题从哪儿来的呢？……数学老师笑了笑，说这个题在初一的数学课本上，初一的题我都不会。但我突然受到启发，噢！原来初一的内容也在高考的范围中，我都不会，那还等啥？"

于是他把各科的书都找出来串成摞，他听不明白了，就抓紧低下头在桌洞里面开始从初一到初三，认真地进行学习。他说："原先是因为受不了同学的侮辱，但当我一旦全心投入到了学习中，我才发现学习是一个如此令人充实的事，因为一个人一旦全心投入到了学习中，再也没有那些百无聊赖的烦恼，再也没有那些得失毁誉的计较。有的只是奋斗带来心里的充实，带来心态的宁静，带来个人的自尊。所以一发不可收拾，那个时候你要罚我的款，我也要学习，因为学习完全成了一种享受。"

一个眼神、一通奚落，刺痛了王金战的自尊心，他发誓一定要考上大学。为了实现自己的理想，到后来，他对学习达到痴迷的地步，不学习就浑身难受。

就这样，王金战老师后来是班上唯一考上大学的学生，实现了他的梦想，改变了他的现实，为人生的发展奠定了基础。

💡 故事二：靠理想成功逆袭的考拉小巫

"考拉小巫"是一个80后的女生，她的真名叫王娟，现在她已经成为很多年轻人的榜样，也是许多具有出国梦的青年人的偶像。她拥有近8万个微博粉丝、3万多个博客关注，遍布21个国家117个不同的地方，还有以她名字命名的"考拉早起队"，里面都是众多为梦想奋斗的人，他们每天坚持早起、"打卡"签到。

可是她并不是想象中的一帆风顺的学霸，她是真正的从一个标准的差生起步，到被美国名校圣路易斯华盛顿大学录取，再到成为美国一家儿童基金会临床心理咨询师。

上初中时，考拉小巫就偏科严重，数学很差，一直徘徊在20～50分之间，一次，满分150分的数学卷子她竟考了29分。初二开设物理、化学课后，在全班60个人中，她从第十名下滑到了四十几名。她说，

"之后再也没学习过，初三那年已经开始厌学了"。她的中考成绩连最低学校分数线都没有达到。父母想尽了各种办法为她找到了一所私立高中。当她看到父母为她到处找学校的艰难时，考拉小巫告诉自己从现在开始就要改变。

可是，高中没上几天，就又回到了原来样子，和同学聊天打牌、隔三岔五逃课、包夜泡吧成了她的家常便饭。有幸的是高考后在补招录取中进了内蒙古大学英语系。看着自己的同学走进了全国各地的一流大学，她开始深刻反思自己的人生："为什么别人能做得到的事情而我做不到呢？"她告诉自己必须从现在开始改变现状。

虽然这不是第一次下决心要重新开始，但是这次她真正为了理想而付出了行动。

考拉小巫说："每天早晨6点钟爬起来，别人玩乐我学习，别人逛街我学习，别人睡觉我学习，别人过节我学习。生活单调又枯燥，但却从没心疼过自己。想着这是在为梦想奋斗，就非常起劲。"

考拉小巫大学4年一直保持全系第一名的成绩，并获得了保研进入了北京第二外国语学院。研究生开学没多久，出国的想法便萌发了。

她更加严格地要求自己，精确到以小时为单位的计划与执行是她大学4年养成的良好习惯。她的生活一直是按计划进行——每年有年目标，每月有月目标，每周有周目标，每天有天目标。

2008年10月，考拉小巫向7所美国大学发出了她的申请材料，在痛苦的等待一个月后，考拉小巫收到了圣路易斯华盛顿大学的录取通知书，实现了她的理想。

到美国后，考拉小巫一如既往地坚定自己的理想信念，制定计划、执行计划、完成计划。她以全A的成绩获得社会工作专业硕士学位，并成功应聘为美国一家儿童基金会的心理咨询师，并著有《考拉小巫的英语学习日记》和《考拉小巫留学成长日记》等书籍。这就是她凭着对梦想的执着追求，实现了由"差生"到成功的逆袭。

亲爱的同学，看完这两个故事，你有没有启发和感触呢？要想成才就必须靠自己设立奋斗目标，树立远大的理想，并为之努力。因为现在随着年龄的增长，你的心智逐渐成熟，逐渐有了自己的认识和思想，能够确立自己的理想和奋斗目标，从而促使自己增强学习兴趣，逐渐实现自己的目标和理想。

那么应该树立什么样的人生理想呢？人生的理想是多方面、多层次、多视角的。有科学的理想和非科学的理想；有崇高的理想和平庸的理想；有全人类的理想、民族的理想和个人的理想；有长远的理想和近期的阶段理想等。人生理想从内容划分，可以概括为四大类：即生活理想、职业理想、道德理想和社会理想。对于我们青少年学生来说，既要有个人科学的崇高的理想，也要有社会理想；既要有近期理想，也要有长远理想；既要有生活理想，也要有道德理想，同时更要有职业理想，正确而远大的职业理想是人生事业成功的精神力量和重要保证。

那该怎样去实现自己的人生理想呢？一要付诸行动。千里之行，始于足下。要实现理想必须脚踏实地从现在做起，从一点一滴的小事做起，不能好高骛远，不能坐而论道，空谈理想。二要有吃苦耐劳的精神。实现理想的过程就是一个不断拼搏进取、不断努力学习和工作的过程，也是一个吃苦耐劳的过程。三要有超越自我的精神。要善于克服自己的缺点和不足，要有挑战自己极限的能力和勇气。四要有持之以恒的精神。在实现理想的过程中，并不一定是一帆风顺的，并不一定是一个简短的过程，而是一个充满拼搏与挑战的实践，因此需要有持之以恒的决心和毅力。五要有真才实学。知识不仅能帮助人确立科学的理想，而且能给人实现理想提供智慧的"杠杆"。

在当今知识爆炸的时代，如果不以宽厚的科学知识做基础，就难以建起高耸入云的理想大厦。只有脚踏实地努力学习，培养各方面的能力，提高自身素质，才能为实现自己的理想打好基础。

目标决定高度，信念奠定根基

——正确设计目标，分阶段实现

亲爱的同学，你知道吗？从某种意义上说，人不是活在物质世界里，而是活在精神世界里，活在理想与信念之中的。对于人的生命而言，要存活，只要一碗饭，一杯水就可以了；但是要想活得精彩，就要有精神，就要有远大的目标和坚定的信念。远大目标是人的精神支柱和动力源泉，它可以不断地激发人的生命活力，使其永葆内在的青春。若没有远大目标，就不会有生活的信心和向上的动力，就会像没有灵魂的行尸走肉一样，只能是浑浑噩噩、碌碌无为地度过一生。信念是精神生活不可缺少的一个方面，科学的信念能给人以信心、勇气和毅力，是人们走好人生道路的根基。下面我们看这三个小故事：

 故事一：马云成功的信念：永不放弃

1984 年，在浙江大学的校园里，经常会看到 6 个年龄相仿的高考落榜生，他们聚在一起，对着天空肆无忌惮地振臂高呼：我们一定会考上大学，我们一定会出人头地！我们一定会考上大学，我们一定会出人头地！我们一定会考上大学，我们一定会出人头地！……这 6 个落榜生里面，就有马云的身影，就有马云的声音。

马云并不像张朝阳、李彦宏、马化腾等这些从小就学习成绩非常优异的当今互联网领袖级人物们那样，而他的成绩很差，尤其是数学，不是一般的差。因此初中毕业，连考两次都没考上重点高中。

1982年，18岁的马云第一次参加高考，数学只考了1分。落榜后，他每天骑着一辆满载货物的三轮车，行驶在坎坷不平的路上。我们可以想象当时的景象。马云想着，难道自己这一辈子就只能当这样一个踩三轮的"骆驼祥子"？他不甘心，他当然不甘心！

在经过一番内心斗争后，他决定再战高考，于是就开始了勤奋的学习。第二次高考，他再次惨败，数学只考了19分。这次父母都对他不再抱什么希望，劝他学点手艺，混口饭吃。

但是马云却仍不甘心，他要考大学，他明白只有考大学才能改变他的命运。由于父母不再支持他考大学，所以他只有边打工边复习。那时，他常常跑到浙江大学图书馆去学习，并且认识了5个落榜生。他们经常聚在一起谈着他们的抱负和理想。于是就出现了故事开头的那一幕。

1984年，20岁的马云第三次参加高考，非常幸运地考上了杭州师范学院，成为外语系的一名本科生。

马云之所以让当今的无数草根创业者崇拜，一个很大的原因，就是马云也曾跟我们一样，是一个普通得不能再普通的人，没有显赫的家庭背景，没有高大帅气的形象，没有优秀的学习成绩，没有聪明睿智的头脑。他靠的就是不屈服于困境的精神、一定要改变生存现实的决心、"永不放弃"的坚定而执着的信念。所以他高考屡战屡败、屡败屡战，最终取得成功。

因此，"永不放弃"是阿里巴巴企业文化的核心所在，是马云终生的信仰所在，也同样应该成为我们所有即将走上创业道路的人共同的大信念。

故事二：成功人士与失败人士的区别

20世纪初，美国有一位著名的学者拿破仑·希尔先生，曾经花了25年时间，对美国16000多名各行各业的人士进行了长期的追踪调查，调查对象包括发明大王爱迪生，美国汽车大王亨利·福特等许多知名人士，结果希尔先生得出了一个十分深刻而又富有启迪意义的结论：成功人士大约只占其中的5%，成功人士对人生都有一个明确的目标；其余95%的人都是失败的人士，他们都缺乏一个明确的人生目标。平庸的人与有才干的人的一个重要区别就是：一个对生活没什么理想，另外一个心中则有明确的目标。因此，当你在人生长河中扬帆远航的时候，千万不要忘记树立远大目标。

那么如何设定人生目标呢？首先学习一种方法：阶梯递进法。阶梯递进法要求在设定目标时，要遵循先急后缓，先易后难，先低后高，先少后多的原则，层层递进，步步爬高。大量事实证明，此法具有多种功能：它可以缩小成才坡度夹角，减轻目标实现难度；它可以逐步接近大目标，为实现最佳整体目标奠定基础；它可以增强个体自信心，锻炼意志，增长才干，为最终实现人生最佳目标创造良好的条件。

人生没有理想、没有远大的目标很难成功，但只有远大的理想，而不能正确认识和分解目标，分阶段一步一步实现，也是不能成功的。下面接着看这个小故事：

故事三："凭智慧战胜对手"的世界冠军

1984年，在东京国际马拉松邀请赛中，名不见经传的日本选手山田本一出人意外地夺得了世界冠军。当记者问他凭什么取得如此惊人的成绩时，他说了这么一句话：凭智慧战胜对手。

当时许多人都认为这个偶然跑到前面的矮个子选手是故弄玄虚。马拉松赛是体力和耐力的运动，只要身体素质好又有耐力就有望夺冠，爆发力和速度都还在其次，说用智慧取胜确实有点勉强。

两年后，意大利国际马拉松邀请赛在意大利北部城市米兰举行，山田本一代表日本参加比赛。这一次，他又获得了世界冠军。记者又请他谈经验。

山田本一性情木讷，不善言谈，回答的仍是上次那句话：用智慧战胜对手。这回记者在报纸上没有再挖苦他，但对他所谓的智慧迷惑不解。

10 年后，这个谜终于被解开了，他在自传中是这么说的："每次比赛之前，我都要乘车把比赛的线路仔细地看一遍，并把沿途比较醒目的标志画下来，比如：第一个目标是银行；第二个目标是一棵大树；第三个标志是一座红房子……这样一直画到赛程的终点。比赛开始后，我就以百米的速度奋力地向第一个目标冲击，等到达第一个目标后，我又以同样的速度向第二个目标冲去。40 多公里的赛程，就被分解成这么几个小目标轻松地跑完了。起初，我不懂这样的道理，我把我的目标定在 40 多公里外终点线的那面旗帜上，结果我跑到十几公里时，我就疲惫不堪了，我被前面那段遥远的路程吓到了。"

　　在人生的旅途中，我们稍微具有一点山田本一的智慧，也许会少许多懊悔和惋惜。通过以上这个故事，你明白如何分阶段实现自己的人生目标了吗？要使自己的远大理想得以实现，就必须要学会对长远目标进行分解，比如把三年的长期目标分解为每一年、每一学期、每一月、每一星期，以至每一天、每一晌要达到什么样的目标，从而一步一步实现各阶段目标，最终实现自己远大的理想。

兴趣是最好的老师

——培养浓厚的学习兴趣

亲爱的同学，你愿意和乐于学习吗？你知道什么是学习兴趣吗？你知道兴趣的作用有多大吗？请看下面两个小故事，体会一下学习兴趣的力量有多大。

 故事一：一个故事激发了陈景润学习数学的兴趣

陈景润是一位人人皆知的数学家。他研究哥德巴赫猜想和其他数论问题的成就，至今仍然在世界上遥遥领先，被誉为"哥德巴赫猜想第一人"，他创立了著名的"陈氏定理"，所以有很多人称他为"数学王子"。但你是否会想到，他的成就源于一个故事。

1937 年，勤奋的陈景润考上了福州英华书院，此时正值抗日战争时期，清华大学航空工程系主任留英博士沈元教授回福建奔丧，没想到因战事被滞留家乡。几所大学得知消息后，都想邀请沈教授前去讲学，他都谢绝了。由于他是英华的校友，为了报答母校，他来到了这所中学为同学们讲授数学课。

一天，沈元教授在数学课上给大家讲了一故事："200 年前有个法国人发现了一个有趣的现象：6=3+3, 8=5+3, 10=5+5, 12=5+7, 28=5+23, 100=11+89。每个大于 4 的偶数都可以表示为两个奇数之和。因为这个结论没有得到证明，所以还是一个猜想。大数学家欧拉说过：虽然我不能证明它，但是我确信这个结论是正确的。它像一个美丽的光环，在我们不远的前方闪耀着炫目的光辉……"陈景润瞪着眼睛，听得入神。

因此，陈景润对这个奇妙问题产生了浓厚的兴趣。课余时间他最爱到图书馆读书，不仅读中学辅导书，而且那些大学的数理化教材，他也如饥似渴地阅读。于是陈景润获得了"书呆子"的雅号。

兴趣是第一老师。正是这样一个数学故事，激发了陈景润对数学的学习兴趣，也引发了他勤奋好学的精神，从而成就了一位伟大的数学家。

故事二：兴趣成就了我国第一位诺贝尔科学奖

2015年10月5日，从瑞典斯德哥尔摩传来令人振奋的消息：中国女科学家屠呦呦获得2015年诺贝尔生理学或医学奖。理由是她发现了青蒿素，这种药品可以有效降低疟疾患者的死亡率。屠呦呦是第一位获得诺贝尔科学奖项的中国本土科学家、第一位获得诺贝尔生理医学奖的华人科学家。

屠呦呦，1930年12月30日出生于浙江省宁波市。她自幼耳闻目睹中药治病的奇特疗效，立志探索它的奥秘。1951年，屠呦呦如愿考入北京大学医学院药学系，选择了当时一般人缺乏兴趣的生药学专业。在专业课程中，她发现自己对植物化学、本草学和植物分类学有着极大的兴趣。这为她发现研究青蒿素奠定了基础。

大学毕业后，屠呦呦就职于中国中医研究院。那时该院初创，条件艰苦。屠呦呦在设备简陋、连基本通风设施都没有的工作环境中，经常和各种化学溶液打交道，一度患上中毒性肝炎，但她心无旁骛，埋头从事中药研究，取得了许多骄人的成果。其中，研制用于治疗疟疾的药物——青蒿素，是她最杰出的成就。

疟疾是一种严重危害人类生命健康的世界性流行病。世界卫生组织报告，全世界约数10亿人口生活在疟疾流行区，每年约2亿人患疟疾，百余万人被夺去生命。特别是20世纪60年代初，全球疟疾疫情难以控制。美、英、法、德等国花费大量人力物力，但一直未能如愿。我国从1964年重新开始通过对数千种中草药的筛选，却没有任何重要发现。在国内外都处于困境的情况下，1969年，39岁的屠呦呦临危受命，出任该项目的科研组长。她从整理历代医籍着手，四处走访老中医，搜集建院以来的有关群众来信，编辑了以640方中药为主的《抗疟单验方集》。然而筛选的大量样品，对抗疟疾均无好的苗头。她并不气馁，经过对200多种中药的380多个提取物进行筛选，最后将焦点锁定在青蒿上。她又系统查阅文献，特别注意在历代用药经验中提取药物的方法。终于，在经历了190次失败后，青蒿素诞生了。这剂新药对鼠疟、猴疟疟原虫的抑制率达到100%。

疟疾，一个肆意摧残人类生命健康的恶魔，被一位中国的女性科学家屠呦呦制服了。2015年的诺贝尔奖虽然有些姗姗来迟，但毕竟是令人庆幸的。当颁奖词的庄严声韵回响在地球上空的时候，各种肤色的人都在向这位耄耋老人表达深深的敬意。

当年轻的屠呦呦开始这项研究的时候，并不会意识到，在漫长而曲折的道路上，有一顶金光闪闪的王冠正在等待她来摘取，而是浓厚的兴趣和使命感促使她去潜心研究，从而取得了令人瞩目的成绩。

亲爱的同学，通过以上两个故事可以看出主人公对学习和工作充满了浓厚的兴趣，在条件非常艰苦或者说不具备学习和工作条件的情况下，创造条件刻苦学习和研究，取得了明显的效果，这其中就是兴趣在起着重要作用。

两千多年前，孔子就提出过："知之者不如好知者，好之者不如乐之者。"爱因斯坦说："兴趣是最好的老师。"人民教育家陶行知先生从自己丰富的教育经验出发，认为"学生有了兴味，就肯用全副精神去做事，学与乐不可分"。

作为非智力因素之一的兴趣，对智力的发展起着重要的作用。心理学研究表明，兴趣在智力活动中，是一种很大的动力因素，是人们获得知识，开阔眼界，发展创造能力的最重要的激发力量，在这种动力因素诱发下，会产生对认识对象的指向和集中，产生学习的需要和渴望，从而产生愿学、乐学的积极情绪，使智力活动进入积极状态，观察细致、思维活跃、注意力集中、想象丰富、记忆牢固。

因此，强烈的学习兴趣使人在学习时不再是一种负担，而是一种享受，一种愉快的体验，越学越想学，越学越爱学，从而爆发出强烈的学习动力和活力，从而废寝忘食，精力无穷，遇到困难不轻易退缩，锲而不舍，持之以恒。相反，在从事不感兴趣的活动时，总伴随着一种消极的、厌烦的情绪体验，一个再小的任务对他来说都是负担，一个小小的困难对他来说都是不能逾越的"鸿沟"。

亲爱的同学，学习兴趣既是过去学习的结果，也是促进今后学习并提高学习效果的动力。浓厚的学习兴趣，可以使你快乐地学习。因此，要注意从培养学习兴趣做起，促进自己学习成绩的提高。

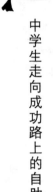

我姓钱，但我不爱钱

——树立正确的人生观、价值观

亲爱的同学，你喜欢钱吗？你认为亲情、名誉、地位、金钱哪个对你最重要呢？你追求的人生最高目标是什么呢？你将来怎样体现你的人生价值呢？下面请看这两个小故事：

💡 故事一："我姓钱，但我不爱钱"的钱学森

被称为"中国航天之父""火箭之王""科技界的毛泽东"的钱学森先生1935年留学美国，先后取得了航天、数学博士学位后，又在美国任助理教授、副教授，取得了卓越成绩。当年美国再三挽留他，他却一心回国。美国海军次长就说，如果"钱"不为所用，宁可杀了他，也不能让他回国，因为他能顶5个师。而钱学森却"愿为祖国付出一切"，不为金钱、名誉、地位所诱惑，放弃了厚禄高薪，历尽千辛万苦，受尽了美国的折磨和迫害，于1955年辗转回国，返回百废待兴的祖国，进行艰苦创业。

他一生谦虚谨慎，艰苦朴素，心中始终装着国家和人民，装着科学和事业。辛苦工作了几十年，直至他90岁高龄以后，还时刻关注着中国科技建设与发展，还在为中国航天事业出谋划策，还在为中国科技后备人才提出自己的设想。

　　几十年过去了，中国富强了，他没富有起来，他却说："我现在的住房条件比和我同船归国的那些人都好，这已经脱离群众了，我常为此感到不安，我不能脱离一般科技人员太远。我姓钱，但我不爱钱。"

　　钱老一生清洁如水的道德品格，感染着每一个人，他的爱国之情、高尚品格，正是他正确的人生观、价值观的反映，他给祖国给人民留下了宝贵的物质财富和精神财富，而他却依然如故。他认为为国家、为人民做贡献最值得，最能体现他的人生价值，因此他成为国人最敬佩的"海归"，成为中国的"航天之父"。

 故事二：袁隆平的金钱观：对钱不能看得太重

　　在一些人眼里，似乎袁隆平很有钱，但他是一位拿国家俸禄的科学家，每个月的全部收入连工资和补贴加起来，总共几千元钱的样子。他乐呵呵地说，这些收入不低了，够我花的了。所以，他几乎将在国际上获得的所有大奖的奖金，都捐赠给了以他的名字命名的农业科技奖励基金会，以表彰和扶掖对农业科研有贡献的人。此外，他还出资捐助过教育事业。

　　他对于金钱的观点，一是不吝啬，二是不奢侈。在袁隆平看来，金钱的多少，无非是一个数字，他说："钱是要有的，要生活，要生存，没有钱，饭都吃不上，是不能生存的。但钱够一般日常生活开销，再小有积蓄就行了，对钱不能看得太重。"倘若对钱看得太重，被金钱蒙住了眼睛，就容易迷失自我，成为一个对社会对他人漠不关心的自私的人，人要是成了金钱的奴隶，活着还有什么意思呀。

　　对人生，对金钱，对地位，乃至对家庭，袁隆平悟得很透彻明了，他向来对自己很"小气"，对别人却有一份古道热肠，侠义肝胆，只要是他力所能及的，他都会尽全力帮助他人。他是博士生导师，带过许多博士生，其中有一个是从农村来的，家里生活较困难，有一次，这位学生打电话给他，说是父亲病重住院，急需用钱，他十分同情，从自己的工资收入中给那个学生寄去了两千块钱。

从前，有一个乞丐对一位禅师说："我一无所有，内心非常痛苦。"禅师说："把你的双目给我，我给你一百两金子。乞丐说："我的双目远远不止一百两黄金！我决不会给你。""把你的双臂给我，我给你一百两金子。""不！"乞丐说，"没有双臂，我怎么生活？即使你给我一千两黄金，我也不会给你。"

"那，把你的双腿给我吧，我给你一百两金子。""不论你给我多少金子，我也不会把双腿给你！"禅师说："想一想，其实，你并不穷。"

乞丐想了想："确实是这样，我不是世界上最穷的人。至少，我有三百两黄金。"

后来，乞丐反省自己，对人生的价值重新定位，终于找到了属于自己的美丽人生。

通过上面三个故事，可以看出钱学森、林肯二人都具有科学的世界观、正确的人生观和价值观，他们都不以金钱的多少作为衡量自己价值大小的依据，他们以"为国家为人民服务"作为体现自己的人生价值的方式，以亲人和人民群众为财富，以书籍，以知识为财富，表现了他们追求的是精神领域的丰富，也体现了他们对国家和人民的忠诚与热爱，因而受到了人民的尊敬与爱戴，为国家和社会做出了突出贡献，使人生更加有意义，更加精彩。

相反，有些人就不同，人生观、价值观出现了扭曲，导致了行为不受约束，只追求金钱和利益，个人主义、拜金主义、享乐主义把他们推向了邪路，人生的道路发生了偏离，他们没有把金钱带入坟墓，反而让金钱把他们带入了坟墓。

可见世界观、人生观、价值观在人生中是多么重要，它决定着人生追求什么方向的目标，决定着人生的发展方向。一旦方向发生了错误，就会越走离人民越远，就会成为人民的敌人，最终走向罪恶的深渊。

那么什么是科学的世界观、正确的人生观、价值观呢？简单地说，世界观是指人们对整个世界总的根本的看法。人生观是一个人对人生目的和意义的根本看法和态度，人生观是世界观在人生领域的一种延伸、一种体现，是世界观的重要组成部分，是由世界观决定的，是世界观在人生问题上的体现。价值观是人们对事物有无价值和价值大小的一种认识和评价标准，它也是人生观的集中体现。人生观与价值观紧紧相连，人生观决定价值观取向，价值观引导人生走向，人生观和价值观又丰富和发展着世界观。

如果我们树立了科学的世界观，正确的人生观、价值观，就会变得精神高尚，眼界开阔，胸怀坦荡，就能够坚持正确的政治方向，具备科学地观察事物，准确地判断形势、分析问题的能力，在成功和顺境时不骄不躁，在困难和挫折面前不消沉、不动摇，就能经受住各种风浪的考验，就会冲破追求一己私利的精神牢笼，在人民创造的广阔天地里找准自己的位置，为国家、为人民、为民族、为集体利益，奋不顾身地工作，毫无保留地贡献自己的聪明才智和毕生精力。同时树立这种世界观、人生观和价值观，就能够抵制一切诱惑，就会增强学习和进步的动力，最终成为一个高尚的人。雷锋说得好："吃饭是为了活着，可是活着不是为了吃饭，我活着是为了全心全意为人民服务。"这些话，道出了人生价值的真谛，是衡量人生价值的尺度。人生的价值在于贡献，而不是索取。毫不利己，专门利人，全心全意为人民服务，是共产主义人生观和价值观。

相反，如果世界观、人生观、价值观不正确，就会出现精神颓废，个人主义、利己主义、拜金主义、享乐主义严重，失去了正确的奋斗目标和方向，失去了上进的动力和勇气，或误入歧途，或消极悲观厌世，从而彻底失去人生的意义和价值。

亲爱的同学，你明白了人生观、价值观的作用和意义了吗？所以早日树立科学的辩证唯物主义世界观、正确的人生观和价值观，正确理解人生价值所在，树立"为人民服务，无私奉献"的理想和信念，努力学习各种科学文化知识，在为人民服务和奉献中体现自己的人生价值。

打开成功大门的金钥匙

——培养坚定的自信心

亲爱的同学，当你做每一件事时，你觉得凭自己的能力能够成功吗？你相信自己的能力吗？你还记得"毛遂自荐"的故事吗？希望你能够相信自己，对自己充满希望。下面请看这三个小故事：

故事一：不信洋人信自己的李四光

李四光，是我国卓越的科学家、地质力学的创立人。

20世纪初，美国美孚石油公司，曾在我国西部打井找油，结果毫无所获。于是以美国布莱克威尔教授为首的一批西方学者，就断言中国地下无油，中国是一个"贫油的国家"。

年轻的地质学家李四光偏偏不信这个邪：美孚的失败不能断定中国地下无油。他说：我就不信，油，难道只生在西方的地下？在这种强烈的自信心的支配下，他开始了30年的找油生涯。他运用地质沉降理论，相继发现了大庆油田、大港油田、胜利油田、华北油田、江汉油田。他当时还预见西北也有石油。今天正在开发的新疆大油田，也完全证实了他的预言。

李四光靠自信、自强彻底粉碎了"中国贫油论"。

故事二：一张白纸使女歌手成功

有一位女歌手，第一次登台演出，内心十分紧张。想到自己马上就要上场，面对上千名观众，她的手心都在冒汗："要是在舞台上一紧张，忘了歌词怎么办？"越想她心跳得越快，甚至产生了打退堂鼓的念头。

就在这时，一位前辈笑着走过来，随手将一个纸卷塞到她的手里，轻声说道："这里面写着你要唱的歌词，如果你在台上忘了词，就打开来看。"她握着这张纸条，像握着一根救命的稻草，匆匆上了台。也许有那个纸卷握在手心，她的心里踏实了许多。她在台上发挥得相当好，完全没有失常。

她高兴地走下舞台，向那位前辈致谢。前辈却笑着说："是你自己战胜了自己，找回了自信。其实，我给你的，是一张白纸，上面根本没有写什么歌词！"她展开手心里的纸卷，果然上面什么也没写。她感到惊讶，自己凭着握住一张白纸，竟顺利地渡过了难关，获得了演出的成功。

"你握住的这张白纸，并不是一张白纸，而是你的自信啊！"前辈说。歌手拜谢了前辈，她在以后的人生路上，就是凭着握住自信，战胜了一个又一个困难，取得了一次又一次成功。

故事三：尼克松败于缺乏自信

尼克松是我们极为熟悉的美国总统，但就是这样一个大人物，却因为一个缺乏自信的错误而毁掉了自己的政治前程。1972 年，尼克松竞选连任。由于他在第一任期内政绩斐然，所以大多数政治评论家都预测尼克松将以绝对优势获得胜利。然而，尼克松本人却很不自信，他走不出过去几次失败的心理阴影，极度担心再次出现失败。在这种潜意识的驱使下，他干出了后悔终生的蠢事。他指派手下的人潜入竞选对手总部的水门饭店，在对手的办公室里安装了窃听器。事发之后，他又连连阻止调查，推卸责任，在选举胜利后不久便被迫辞职。本来稳操胜券的尼克松，因缺乏自信而导致惨败。

同学们，你看到自信心的力量和作用了吗？那么什么是自信心呢？自信心是一种自己相信自己的情绪体验，也是对自己力量的充分估计，是人们成长与成才不可缺少的重要心理品质，是人们从事活动、展现才华的出发点。

著名发明家爱迪生曾说："自信是成功的第一秘诀。"自信是走向成功的原动力，是内心的引导者，自信改变人生。阿基米德、居里夫人、伽利略、张衡、竺可桢等历史上广为人知的科学家，他们之所以能取得成功，就是因为有远大的志向和坚强的自信心，从而敢于面对现实，不屈不挠，才能事业有成。因此自信是一种力量，无论身处顺境，还是逆境，都应该微笑地、平静地面对人生，有了自信，生活便有了希望。"天生我材必有用"，只要拥有自信，拥有一颗自强不息、积极向上的心，成功迟早会属于你的。当然，不能过分自信，狂妄自大，目中无人，否则必然也会导致失败。

那么如何建立自信呢？哈佛大学医学院的心理学家罗伯特·贝特尔教授总结的建立自信的六个步骤：

第一步：告诉自己，一定要实现目标！

大多数人确立了目标之后，并不衷心渴望达到和实现，而缺乏自信心，从而造成失败。想要拥有自信——"这才是我的唯一的出路"，这种全神贯注的信念是非常重要的，如果抱着半途而废的心理决不可能产生自信。

第二步：要有最好的准备。

俗话说，不打无准备之仗。为了成功，凡事都需要做好万全的准备。

第三步：重心放在你最大的长处上。

有成就的人都知道把精力放在自己最擅长的地方。赢家就像河流一样，他们找到了一条道路，便循着这条道路前进。站在大河边，看河流的力量有多大，它能发电，灌溉田地，产生很大的财富，因为它集中在一个方向上运动。而失败者像沼泽、他们四处游移，什么事都做一点，结果一事无成。

当你集中精力做好一件事时，你会觉得自信心增强。

第四步：从你的错误和失败中吸取教训。

"我们浪费了太多的时间，"一位年轻的助手对爱迪生说，"我们已经试了2万次了，仍然没有找到可以做白炽灯丝的物质！""不，"这位天才说，"但我们已经知道有2万种不能做白炽灯丝的东西。"这种精神使得爱迪生终于找到了钨丝，发明了电灯，改变了历史。

第五步：放弃逃避，方能产生信念。

爱迪生说："在你停止尝试的时候，也就是你完全失败的时候。"欠缺自信的人，将终日与恐怖结伴为邻，只有勇敢面对，才能消除恐怖的阴影，才能产生坚强的自信心。

第六步：要确实遵守自己所制定的约束。

所谓约束就是将对自己的要求写在纸上并签上自己的名字，不论发生什么样的障碍，都务必遵守，记住成功的秘诀在于恒心。这是增强自信的最后一个步骤，也是所有步骤中最简单且最具效果的一步。

给自己最好的心理暗示，遭遇困难要敢说一声"我能行！"相信自己是最棒的。

亲爱的同学，我想你现在一定明白自信的作用和如何树立自信啦！希望你在今后的学习和生活中继续努力，提高能力，增强自信！

千磨万击还坚劲，任尔东西南北风

——锻炼坚强的意志和顽强的毅力

亲爱的同学，当你遇到困难和挫折时，你是怎样想的，又是怎样做的呢？是坚持下去还是干脆放弃呢？

其实成功的路上并没有撒满鲜花和阳光，每一个人的人生路都不是一帆风顺的，无论生活、学习还是工作中都会遇到困难的，总要遇到和经历坎坷与磨难。纵观古今中外的成功人士都是历经磨难，千锤百炼才走上成功之路的。而普通人之所以普通，就是因为没有闯过这些难关。因此只有以坚强的意志，不怕困难不怕挫折地沿着目标去奋斗，做到如著名画家郑板桥诗中所云"千磨万击还坚劲，任尔东西南北风"，才能享受成功的喜悦。下面请看这三个小故事，看主人公是如何对待困难和挫折的。

故事一：与挫折和命运抗争的华罗庚

华罗庚，出生于1910年，中国科学院院士，美国国家科学院外籍院士，中国解析数论创始人和开拓者，被誉为"中国现代数学之父"，是中国在世界上最有影响力的数学家之一，国际上"华氏定理""华氏不等式"等数学科研成果均是以华氏命名的。

华罗庚初中毕业后，曾入上海中华职业学校就读，因学费而中途退学，故一生只有初中毕业文凭。

此后，他回到家乡，一面帮父亲干活，一面继续顽强地读书自学。他用5年时间学完了高中和大学低年级的全部数学课程。1928年，他不幸染上伤寒病，靠妻子的照料得以挽回性命，却落下终身的残疾——左腿的关节变形，瘸了，他只有19岁，在那迷茫而困惑的日子里，他想起了失去双腿后著兵法的孙膑。"古人尚能身残志不残，我才只有19岁，更没理由自暴自弃，我要用健全的头脑，代替不健全的双腿!"青年华罗庚就是这样顽强地和命运抗争。白天，他拖着病腿，忍着关节剧烈的疼痛，拄着拐杖一颠一颠地干活，晚上，他油灯下自学到深夜。1930年，20岁时，他以一篇论文在《科学》杂志上发表轰动数学界，惊动了清华大学数学系主任熊庆来教授，因此被清华大学请去工作。

从1931年起，华罗庚在清华大学边工作边学习，用一年半时间学完了数学系全部课程。他还用四年时间自学了英文、法文、德文，先后在国外杂志上发表了多篇论文。1936年夏，华罗庚被保送到英国剑桥大学进修，两年中发表了十多篇论文，引起国际数学界赞誉。1938年，华罗庚访英回国，在昆明郊外一间牛棚似的小阁楼里，他艰难地写出名著《堆垒素数论》，从此逐渐成长为闻名中外的数学家。

💡 故事二：跨下人生之栏的刘翔

称为"跨栏王"的刘翔可以说一路跑来，顺风顺水。13岁时他获得上海市少年田径锦标赛乙组冠军，19岁打破男子110米栏亚洲纪录，并打破和刷新了保持长达24年之久的110米栏世界青年纪录。2004年雅典奥运会他以12秒91平了世界纪录，夺得了金牌，成为中国田径项目上的第一个男子奥运冠军。2006年7月12日，他以12秒88的成绩获得瑞士洛桑田径超级大奖赛金牌，并打破沉睡13年之久的世界纪录。2007年8月31日，在日本大阪举行的世界田径锦标赛男子110米栏决赛上，他又以12秒95获得冠军，从而成为首个集奥运会冠军、世锦赛冠军和世界纪录保持者于一身的男子110米栏大满贯得主。

然而，当古巴田径运动员戴伦·罗伯斯于2008年6月13日在男子

110 米栏的比赛中跑出了 12 秒 87，打破了刘翔创造的 12 秒 88 原世界纪录时，人们满怀期望刘翔在 2008 年北京奥运会与罗伯斯一决雌雄时，刘翔却因伤退出了比赛，冠军由罗伯斯夺得。

雄鹰折翅，虽然大部分人能够宽容、同情和理解，但谩骂、质疑和轻视一直存在。

其实北京奥运会前的一些比赛一直是刘翔咬牙硬挺着的。在北京奥运会时他疼得鬼哭狼嚎地叫，浑身直冒冷汗。当他远赴美国治疗脚伤，在手术台上，主刀医生克兰顿惊呼："你是怎么坚持的？翔，你知道吗，跟腱处的伤势，就等于你的鞋底里藏着很多小沙子，你天天踩着他们训练、比赛，你，太不可思议了，你太幸运了，否则早就可能倒下了……"

其实，刘翔本来早就要"倒下"，"刘翔加油""刘翔哥哥加油"，及至"刘翔叔叔加油"，让他很感动，他不想让大家失望，所以他一直在勉强坚持。

经过治疗和康复，2009 年 9 月 20 日，黄金联赛上海站，刘翔以 13 秒 15 拿到亚军，但他心中的那口气还是顺不出来。他认为自己再也无法进一步突破了："我脚不行了，我不想比赛了，我只想混到退役算了……"

那一夜，刘翔父子俩泪眼相对。父亲说："我们也不要求你太多，你还年轻，要学会珍惜。你现在退役我们也没意见，但是这个结，只有你自己去解开。你要记住，人的一生要跨过无数的栏，你现在所经历的只是其中的一个……"

父亲的这些话，刘翔牢牢地铭记在心间。他深知，他最大的对手是自己，他现在不是在和别人比，是在和自己跑。于是，他与师父孙海平开始了一段从零开始的真正复兴。他们又两次赴美进行康复治疗。20 多天的美国训练，刘翔瘦了 8 斤。之后是科学的、系统的、大剂量的训练，刘翔也跑到过 13 秒以内。师父说："重夺世界冠军，这不是白日做梦。"

2010 年 11 月 24 日，经过 27 个月的沉寂和洗礼，在第 16 届亚运会上，刘翔有保留地以 13 秒 09 打破 110 米栏亚运会纪录实现三连冠，外界齐声高呼"王者归来"。刘翔说，这枚金牌，这个成绩，意义非凡，不亚于雅典奥运会的那枚金牌。刘翔豪气十足地向罗伯斯下战书，要把世界纪录抢回来。

人生是在跨栏，只有鼓足勇气、豪情满怀地跨越挫折、失败和心灵障碍的栏架，才能跃上辉煌之巅。

故事三：霍金——轮椅上的天才

在新的千年之际，美国白宫曾进行了一系列的演讲，其中以科学为主题的演讲是《想象与变革——下一个千年的科学》。它的演讲者就是英国剑桥大学应用数学与理论物理系教授、"轮椅天才"斯蒂芬·霍金。他患有严重的残疾，双手只有3个手指能动。这个极度残疾和极度聪明的科学家成了这次不同寻常演讲的理想人选。

霍金是英国人。他出生于1942年1月8日。小霍金也像普通的小孩一样，喜欢玩具，着迷于玩具火车，甚至自己花钱买来了电动火车。上学期间，霍金分在一个很好的班，尽管他成绩的名次从未进过前一半，但仍受到同学的尊敬，同学为他起了一个"外号"——爱因斯坦。中学毕业，霍金考入牛津大学，并如父亲的希望，取得了奖学金。学习物理学对霍金并不费力，后来他又考上剑桥大学理论物理专业的博士研究生。

在研究生学习期间，霍金得了一种怪病，是一种运动神经细胞病。这种病使行为本来就不灵活的霍金更加笨拙，而且这种病迅速恶化。霍金非常苦恼，以至于他认为自己活不了多久了。然而，霍金并未放弃正常人的工作、学习和生活。患病的霍金依然如故，甚至更加勤奋。他曾梦到自己被处死了，由此他希望，"如果我被赦免，我还能做许多有价值的事。"他认为，"我要牺牲自己的生命来拯救其他人"，要做点儿善事，以回报社会对他的恩惠。

由于霍金在天体物理学研究上取得的成绩，他获得了1978年的爱因斯坦奖。1980年他又当上了三一学院卢卡斯讲座的教授。霍金尽管身体残疾，他仍经常旅行、演讲、著述。他的《时间简史》已发行几千万册，被译成40多种文字，他的故事还被搬上银幕。

以上三个故事的主人公都是由于后天的不幸成为比较严重的残疾人，但是他们在遇到人生的巨大不幸时，并没有放弃人生的追求，反而更加激发了他们的斗志，身残志坚，越挫越勇，敢于向困难挑战，成为生活的强者，取得了常人难以取得的成功。

亲爱的同学，你从这三个小故事中受到了什么启发呢？你明白了遇到困难时，应该怎样战胜困难吗？应当从四个方面正确认识和把握困难：一是每个人都会面临困难。二是每个难题都会过去的。月有阴晴圆缺，人有旦夕祸福。没有谁的一生是一帆风顺的，任何人都有不顺心的时候。但要坚信，难题都会通过自己的顽强努力和时间的推移而得到解决。三是每个难题都有转机。问题的产生是成功的开端和动力，问题的产生总会为某些人创造机会，抓住机会就能促成转机。四是每个难题都会对我们产生影响，要让难题对我们产生好的影响。五是我们要通过坚持参加体育锻炼、立大志以及从一点一滴的小事做起等多方面来锻炼自己的意志，培养坚强的意志和顽强的毅力。

积极的心态主宰命运

——保持积极的心态

亲爱的同学，当你遇到失败和挫折时，当你不顺心的时候，你是积极想办法还是消极回避呢？其实这就是心态的问题。心态是命运真正的主人，一个人如果要想主宰自己的人生，主宰自己的命运，第一步就是要主宰自己的心态。"只要心态是正确的，我们的世界就会是光明的。"下面请看这三个小故事，体会心态在人生中的作用。

 故事一：一口棺材与两个秀才

古时候有甲、乙两个秀才去赶考，路上遇到了一口棺材。甲说，真倒霉，碰上了棺材，这次考试死定了；乙说，棺材，升官发财，看来我的运气来了，这次一定能考上。当他们答题的时候，两人的努力程度就不一样，结果乙考上了。回家以后他们都跟自己的夫人说，那口棺材可真灵啊。

可见，心态影响人的能力，能力影响人的命运。

故事二：两个下岗女工

有一家纺织厂，经济效益不好，工厂决定让一批工人下岗。这其中有两位女工，都是40岁左右，一位是大学毕业生、工厂的工程师，另一位则是普通工人。毫无疑问，这位工程师从学历到智商各方面的条件都好于这名普通工人，然而最后工程师的命运不如普通工人。

女工程师下岗后，对人生的这一变化深怀怨恨。她愤怒过、骂过、也吵闹过，但都无济于事。尽管随着下岗人员的增多，别的工程师也开始下岗了，她的心里还是不能平衡。她始终觉得下岗是一件丢人的事。她的心态渐渐地由愤怒转化成了抱怨，又由抱怨转化成了内疚。她整天都闷闷不乐地待在家里，不愿出门见人，更没想到重新开始自己的人生，孤独而忧郁的心态控制了她的一切，她无法解脱，她本来就血压高，身体弱，没过多久，她就带着忧郁的心态和不低的智商孤寂地离开了人世。

而那位普通女工却很快从下岗的阴影里解脱出来。她想别人没有工作能生活，自己肯定也能生活下去。于是她下定决心，一定要比以前过得更好！从此，她就以平静的心态接受现实。这样她也变得聪明起来，发现了自己的长处和特长。她对烹调非常内行，于是就借钱开了一家小小的火锅店。她经营的火锅店十分红火，很快规模扩大了几倍，成了当地小有名气的餐馆，比以前生活得更好。

可见女工程师的心态始终处于忧郁之中，她完全沉溺其中，尽管智商较高，心态却阻碍了智商的发挥，并把她的智商引向了负面，从而越陷越深。而普通女工平和的心态不仅使她自己的智商得到了最大发挥，而且决定是正面的、积极的，所以她获得了成功。

🔆 故事二：一念之间的塞尔玛

二战期间，有一位叫塞尔玛的女士陪伴丈夫驻扎在沙漠的陆军基地里。丈夫奉命到沙漠里去演习，她一个人则留在陆军的小铁皮房子里。天气实在太热，在仙人掌的阴影下也有 45 摄氏度。没有人和她谈天——身边只有语言不通的墨西哥人和印第安人。她非常难过，于是就写信给父母，说要丢开一切回家去。她父亲的回信很短，只有一句话。但是，这句话却永远留在了她的心中，且从此完全改变了她的生活。这句话是这样的：两个人从牢中的铁窗望出去，一个看到泥土，一个却看到了星星。塞尔玛反复地琢磨父亲话语中的意思，等她终于明白的时候，不禁深感惭愧。因此她下定决心，一定要在沙漠中找到"星星"。她开始和当地人交朋友。一开始，他们的反应就使她非常吃惊，她对他们的纺织品、陶器感兴趣，他们就把自己喜欢甚至都不愿卖给游客的纺织品、陶器送给了她。

她研究那些使人着迷的仙人掌和各种沙漠植物，又学习有关土拨鼠的知识。她观看沙漠日落，还寻找螺壳，这些海螺壳是几万年前这片沙漠还是一片海洋的时候留下来的……就这样，原来使人难以忍受的环境终于变成令她兴奋、使她流连忘返的奇境。

究竟是什么使塞尔玛的内心发生了这么大的变化？我们可以看出，沙漠本没有改变，印第安人也没有改变，但是塞尔玛的念头改变了，心态改变了。一念之差，使她把原先认为恶劣的环境变成了一生中最有意义的旅行。她为发现新世界而兴奋不已，并为此写了一本名为《快乐的城堡》的书。她从自己造的"牢房"里看出去，终于看到了"星星"。

生活常常是这样，面对同一种情况和境遇，不同的人会产生不同的心态。一位精神病学专家说，造成自己精神折磨和痛苦，影响一个人幸福的，并不是物质的贫乏和丰裕，而是一个人的心境。成功学的始祖拿破仑·希尔说："一个人能否成功，关键在于他的心态。成功人士与失败人士的差别就在于成功人士有积极的心态，而失败人士则习惯于以消极的心态去面对人生。"

在我们的日常生活中，之所以平庸的人占多数，主要原因就是心态的问题。遇到困难他们总是挑选最容易的办法，甚至从原来的地方倒退，总是说："我不行了，我还是退却吧。"结果造成失败。而成功者却恰好相反，他们在困难面前，总是始终如一地保持积极的心态。坚信"我要！""我能！""我一定行！"等积极的念头来不断鼓励自己勇于拼搏，不断进取，直至走向成功。

总之，成功的要素其实掌握在我们自己的手中。我们个人无力改变这个不够理想也不可能事事都理想的现实世界，但是我们有能力改变我们自己！我们不是因为幸运而自信，而是因为自信而幸运；我们不是因为幸福而微笑，而是因为微笑而幸福！没有你的同意，有谁能让你感到痛苦和烦恼呢？我们究竟能飞多高，能走多远，主要是由于我们自己的心态所制约和影响，心态在很大程度上决定着我们人生的高度和成败。

有了积极的心态并不能保证事事成功，但一直持消极心态的人则一定不会成功。心理学家告诉我们，具备自我尊重、自信、承认自我、勇往直前、理解别人、宽容别人、凡事要往好的方面想、平和的心态是成功的前提，一定要好好把握啊。

因此要想成功，没有良好的心态是不行的。亲爱的同学，让我们不断地用积极心态对待自己的学习和生活吧。播出积极的种子，必定会收获成功的果实。

第二章

形成高尚人格

　　美国著名作家、《成功》杂志创办人马登说："以高贵的品格赢得做人的成功，才是真正意义的成功。"他在《伟大的励志书》中写道："每个人的一生，都应该有比他的成就更伟大、比他的财富更耀眼、比他的才华更高贵、比他的名声更持久的东西。"这个东西就是高尚的人格，达此境界便是做人的成功，才是人生真正的最伟大的成功。

百善孝为先

——养成孝敬长辈的品格

亲爱的同学，你知道"百善孝为先"是什么意思吗？你听说过哪些孝顺父母的故事？你认为应该怎样孝顺自己的父母呢？你知道孝顺父母、老人，在做人和成就事业中的作用吗？

古语云："百善孝为先。"意思是说，孝敬父母是在各种美德中占第一位的。一个人如果不孝敬父母，就不可能会热爱祖国和人民，就不可能做出什么有利于别人、有利于社会的好事。下面首先看一下这几个孝顺父母的感人故事。

故事一：董永卖身葬父

汉朝时，有一个叫董永的人，他以孝顺而闻名。他家里非常贫穷。他父亲去世后，董永无钱办理丧事埋葬父亲，只好以身作价向地主贷款借钱埋葬父亲。丧事办完后，董永就到地主家做工还钱，在路上遇到一美貌女子。拦住董永让董永娶她为妻。董永知道自己家贫如洗，还欠地主的钱，就死活不答应。那女子左拦右阻，说她不爱钱财，只爱他人品好。这样董永只好带她去地主家帮忙。可是那女子心灵手巧，织布如飞。她昼夜不停地干活，仅用了一个月的时间，就织了三百尺的细绢，还清了地主的债务，在他们回家的路上，走到一棵槐树下时，那女子便辞别了董永。相传该女子是天上的七仙女。因为董永心地善良，七仙女被他的孝心所感动，遂下凡帮助他。

这是古代孝敬父母的故事，古代还有刘恒为母亲亲尝汤药、王祥因为继母喜欢吃鱼，而卧冰求鲤等很多感人故事。当今，仍然有很多孝敬父母的感人事迹，请看下面这个故事。

 故事二：于统帅：勤奋好学创佳绩，拳拳孝心赢点赞

1996 年 2 月出生于山东省肥城市的于统帅，是中国石油大学（华东）石油工程专业 2014 级学生。于统帅用挚爱呵护着母亲，用飞快的脚步丈量着可贵的孝心，至美的孝心赢得了社会的点赞，曾获"全国道德模范提名奖""央视最美孝心少年""山东省道德模范""中国石油大学（华东）感动石大十大学子"等荣誉称号。

于统帅的母亲患有严重的强直性脊柱炎，全身僵硬，只能拄着拐杖艰难行走，日常生活起居需要人料理。而他的父亲因患腰椎间盘突出和关节炎，不能从事重体力劳动，不得已常年在外打小工。于是，边学习边劳动边照顾母亲就成了统帅生活的全部。

"穷人的孩子早当家。"1 岁多的小孩子正是学走路的时候，却没有人扶着小统帅教他走路，母亲只能让他扶着拐杖，一步一步地挪，直到两岁多，小统帅才会走。就是这样一个两岁多的孩子，竟然已经帮着给母亲拿板凳、倒开水，开始照顾母亲了。上学后，要兼顾好学习和生活，小统帅更加忙碌了。

刚刚 6 岁的小统帅就开始学着做饭，小统帅因为不及传统灶台高，为了试着做饭，他搬来了一个小凳子，踩着小凳子琢磨着做饭；寒冬腊月，小统帅要把母亲换下的衣服洗出来。怕在屋内会影响母亲休息，他就顶着严寒在外面洗。

于统帅对母亲的照料无微不至。他每天给母亲按摩，没有专业的指导，他就自己去摸索，每天下了晚自习，从 10 点按摩到 11 点多，虽然又累又热，满头大汗，但从没间断过。

稍微长大些，他身上的担子更重了。父亲只能在春种秋收时节才能回来，平时的田间劳作理所当然地成了于统帅的分内活儿。每次放假，当别的同学去旅游或上辅导班时，他却必须先回家施肥、除草，忙完这些又得抓紧时间学习。

2011年于统帅以全镇第一的成绩考入了山东省肥城市泰西中学。为了照顾有病的母亲，他带着母亲一起搬到了学校旁租住的一间小平房，一边求学，一边照顾母亲。

凌晨4点多，于统帅起来做早饭，给母亲穿衣服，喂母亲吃饭，然后自己上学。夜深，给母亲铺好床铺，等按摩后的母亲睡着以后，再抓紧时间完成作业，将近12点时悄悄上床睡觉，中午课间操时间还要赶回去照顾母亲，天天如此。在一次老师带他外出时，从早晨出发到晚上9点多回家，他说这是他十几年来第一次离开母亲这么久。

从小学、初中到高中，于统帅一方面照顾好母亲，一方面做好家务，然后紧紧抓住一切可利用的时间学习。他的学习成绩并不比别人差，甚至比任何人都要优秀。高考他依然考出了639分的高分，被中国石油大学青岛校区录取。于统帅带着妈妈来到青岛，继续他的带母求学之路。

于统帅说："我觉得家境不好不算什么，好的条件都可以通过自己的努力去创造，我会好好学习，带着妈妈读完大学，守候妈妈一辈了。我现在感到很幸福，既可以上学，又能够照顾妈妈。"

无独有偶，与于统帅类似的事例还有河北省曲周县的杨会芳，她也是带着生活不能自理的父母上学，用勤劳书写了大孝至亲的典型。

杨会芳是河北省曲周县五塔村人，她出生在一个特殊并贫困的家庭里，是家里的独生女，母亲先天性痴呆，不会说话，生活不能自理，从小是勤劳憨厚的父亲，既当爹又当娘。可就在她上学前班那年，常年劳累的父亲突发脑梗塞，成了半身不遂，生活无法自理。杨会芳同学一边刻苦学习，一边把父母带到身边进行照料，克服种种困难，成为邯郸学院曲周分院学前教育专业2012级4班学生，现在已成为曲周县幼特教中心教师。

因为她的事迹感人，杨会芳被选为河北省第十三届人大代表，先后荣获省市"自强之星"、省市"道德模范"、省市"三八红旗手"及省市三好学生、河北省孝女星、全国"最美中职生"、第 23 届"中国青年五四奖章"、中国好人、全国道德模范提名奖，其家庭被评为河北省文明家庭等多项荣誉称号。

亲爱的同学，看到以上几个孝道的事例，你有什么感想呢？这几个故事的主人公孝顺父母的做法不得不令人佩服和感动。一个人从十月怀胎到呱呱坠地、长大成人，无不渗透着父母的心血和汗水，这其间有"生三年，然后免于父母之怀"的百般呵护和疼爱，有"不为己身苦，常怀儿女忧"的万种柔情，有"临行密密缝，意恐迟迟归"的牵挂，其中融入血脉的情和爱真是比海还深、比天更高。

因此，孝顺是一个人为人处世最基本的品德。一个人如果连自己的父母都不孝顺，就没有人愿意与他合作相处，你知道这是为什么吗？

成功的人们都说："判断一个人是否可交，有一个重要标准：那就是看这个人是否孝顺，百善孝为先。""一个连亲生父母都不孝顺的人，怎么能对别人负责呢？决不能和不孝敬父母的人相处、相交！"

一个人只有从家庭出发，对父母孝敬，对家庭负责，才能对社会、对国家负责，再到为天下人去努力奋斗。没有人会相信不孝敬父母的人能够对别人负责的。因此，孝道是德行的根本，是教化的出发点。

那么，我们该怎样孝敬父母呢？有同学说让父母过上好生活，这是最基本的孝顺。子女孝敬父母，应深入体会父母在养育自己过程中所花费的大量心血和汗水，从而怀着回报父母养育之恩的敬爱之心，去关心、照顾父母，使他们感到舒心、愉悦和满足。具体来说就是：

一要关心、照顾父母的生活，尽赡养父母的义务。作为子女，对父母的起居、饮食、工作都要关心，周到安排，为他们营造一个良好的生活环境和心理环境，使他们能精力充沛地工作或安安稳稳地度过晚年。父母生病，要及时治疗，精心照料。逢年过节或父母生日，要买一些他们爱吃的食品，表达子女的一点孝心和关心。父母有困难，宁肯自己困难些也应当全力帮助，决不能让父母作难。

二在日常生活中要养成孝敬父母的习惯。与父母说话应先尊称，语气温和亲切；上车或进屋时应当走上前为父母开车门和屋门；上下楼梯或道路不平，应搀扶父母行走；吃饭先给父母让座，饭菜先请父母品尝；与父母长期分离应多打电话聊聊天，问候父母生活和身体状况。遇到重大事情，如升学、参军、就业、婚姻等，都应当与父母商量，征求他们的意见和建议。对父母的意见应认真考虑，当发现父母的意见不当时，应耐心解释，婉言相劝，不可一味地强调自己的权力，而置父母意见于不顾，使他们伤心和生气。

三要理解和体谅父母的心情，尽量顺从他们。有些父母爱唠叨，对子女要求过多，子女要多理解父母的心情，要不厌不烦，不顶不撞，顺从应答，对一些不当的要求，不去做就行了。

亲爱的同学，作为子女一定要从尊重、体谅、理解出发，像父母养育孩子时那样无私奉献、孝敬父母。希望你能够成为一名孝顺的孩子，成为父母的骄傲！

谦受益，满招损

——养成谦虚谨慎的品格

亲爱的同学，你知道什么是"谦虚"吗？你听说过哪些关于"谦虚"的故事呢？你知道"谦受益，满招损"的意思吗？你在学习和生活中能做到谦虚谨慎吗？

谦虚，指虚心，不夸大自己的能力或价值，没有虚夸或自负。谦虚，还指当一个人有信心做出决定或采取行动之前，能够主动向他人请教或征求意见的习惯。"谦虚谨慎""谦受益，满招损""谦虚使人进步，骄傲使人落后"等是我们常用的名言。谦虚谨慎，自古以来就是衡量一个人的道德修养的标准之一。骄傲与谦虚，浮躁与谨慎，相互对立。骄扬傲慢，何以谦虚；性躁气浮，岂能谨慎。下面我们看这四个小故事中的名人是如何做的。

 故事一："自己的无知"苏格拉底

古希腊的著名哲学家苏格拉底，不但才华横溢，而且广招门生、奖掖后进，运用著名的启发谈话启迪青年智慧。每当人们赞叹他的学识渊博、智慧超群的时候，他总谦逊地说："我唯一知道的就是我自己的无知。"

故事二：梅兰芳拜师

京剧大师梅兰芳，他不仅在京剧艺术上有很深的造诣，而且还是丹青妙手。他拜著名画家齐白石为师，虚心求教，总是行弟子之礼，经常为白石老人磨墨铺纸，并不因为自己是著名演员而傲慢无礼。有一次齐白石和梅兰芳同到一处做客，白石老人先到，他布衣布鞋，其他宾朋皆社会名流或西装革履或长袍马褂，齐白石显得有些寒酸，没有引人注意。不久，梅兰芳到，主人高兴相迎，其余宾客也都蜂拥而上，一一同他握手。可梅兰芳知道齐白石也来赴宴，便四下环顾，寻找老师。忽然，他看到了冷落在一旁的白石老人，他就让开别人一只只伸过来的手，挤出人群向画家恭恭敬敬地叫了一声"老师"，向他致意问安。在座的人见状很惊讶，齐白石深受感动。

梅兰芳不仅拜画家为师，他也拜普通人为师。他有一次在演出京剧《杀惜》时，在众多喝彩叫好声中，他听到有个老年观众说"不好"。梅兰芳来不及卸妆更衣就用专车把这位老人接到家中。恭恭敬敬地对老人说："说我不好的人，是我的老师。先生说我不好，必有高见，定请赐教，学生决心亡羊补牢。"老人指出："阎惜姣上楼和下楼的台步，按梨园规定，应是上七下八，博士为何八上八下？"梅兰芳恍然大悟，连声称谢。以后梅兰芳经常请这位老先生观看他演戏，请他指正，称他"老师"。

故事三："我最差"的名医扁鹊

扁鹊是春秋战国时期的名医。由于他医术高超，被世人公认为"神医"。扁鹊奠定了中医学的切脉诊断方法，开启了中医学的先河。扁鹊弟兄三人均为当时名医，尤以扁鹊最负盛誉。一天扁鹊为魏王针灸，魏王问扁鹊："你们兄弟三人到底谁的医术最高？"扁鹊不假思索道："长兄最高，我最差。"魏王诧异。扁鹊道："我长兄治病于病发之前，一般人不知他是在为人铲除病源、防患于未然，所以他医术虽高，名气却不易传开；而我是治疗于病情发作和严重之后，人们能看到我为患者把脉开方、敷药刺穴、割肉疗伤，我也确实让不少病人化险为夷，大家就以为我的医术比长兄高明。"

通过这三个小故事，我们了解了苏格拉底、梅兰芳、扁鹊三人谦虚谨慎和正直高尚的人品，他们不愧为古今人们学习的榜样！下面我们再看这个小故事。

💡 故事四：李自成因骄傲而最终失败

李自成，明末农民起义领袖。李自成出身贫苦，童年时给地主放羊。崇祯二年（1629 年）起义，后为闯王高迎祥部下的闯将，勇猛有识略。崇祯八年荥阳大会时，提出分兵定向、四路攻战的方案，受到各部首领的赞同，声望日高。次年高迎祥牺牲后，他继称闯王。

李自成在艰难困苦的推翻王朝的战争岁月中，绝不向任何敌人屈服，与战士同甘苦、共患难，提出了有利于百姓的"均田免粮"口号。当时远近传播，深得人心。部队发展到百万之众，成为农民战争中的主力军。崇祯十六年（1643 年）李自成在襄阳称新顺王。第二年正月，建立大顺政权，年号永昌。

1644 年，李自成的起义军占领北京，推翻了统治 276 年之久的朱明王朝。李自成进京后，军纪严明，基本保持了农民军的本色，但是在胜利之中，滋生了骄傲情绪。不仅对复杂多变的东北边关形势没有清醒的认识，更没有想到如何对付清军，对于部下、士兵的日益腐化也没有采取必要的防范措施，武将忙于"追赃助饷"，文官忙于开科取士、登基大典，士兵沉溺于胜利之中，认为战斗已经结束，可以高枕无忧了。

这样一来，起义军丧失了斗志。由于清军对吴三桂的支持，迫使李自成起义军撤回北京，而清军直逼京城。李自成的山海关战役失利，使形势发生了重大的变化，原来投降起义军的明朝官吏纷纷出来对抗起义军。最终在清军的追击下，李自成被迫离京出走，退到西安。顺治二年（1645 年）清军以红衣大炮攻破潼关，李自成战败向南溃退，四月李自成入武昌，但被清军一击即溃。最后，死于湖北省通山县九宫山。

李自成本人"不贪财，不好色，光明磊落"，但却"犯了胜利时骄傲的错误",而造成失败。另外"伤仲永""江郎才尽""项羽自刎""庞涓因骄傲而被孙膑军队乱箭射死""拿破仑因骄傲而兵败滑铁卢"等,也都是因骄傲而导致失败的典型例子,成为值得吸取的历史教训。通过以上几个正反两方面故事,我们可以看到谦虚谨慎是一种良好品格,而一旦有了骄傲自满心理,必然造成损失或失败。

因此,我们必须保持谦虚谨慎的态度,这是一个人应有的品格,是一个人应有的美德,也是一个人应有的素质,更是一种人生的智慧。谦虚能使一个人面对成绩和荣誉时不骄傲,不会沉浸在成功喜悦中不能自拔,沾沾自喜,不再进取。相反,骄傲自大、满足现状,就会使人止步不前,重则会使学业半途而废。千百年来的古训"谦受益,满招损"说的就是这个道理,也是做人和学习进步的前提。人只有常怀一颗谦虚之心,才能冷静地倾听他人的批评和意见,保持冷静头脑,低调为人,不做出格的事,正确与人相处,才可以赢得他人的尊重,更重要的是,才能不断学习新知识,接受新事物,不断成长和自我完善。

那么,我们怎么才能做到谦虚谨慎呢?

一、不满足于自己掌握的知识。当今社会,信息爆炸,知识更新日新月异,科学技术发展迅速,知识海洋无边无际,任何一个人,不管取得的成绩多优秀,也不能说他就完全精通了,不用学习了。要认识到自己掌握的知识太微不足道了,知道自己在很多方面还存在差距。这样才更有利于向老师、同学和任何具有正能量的人学习,有利于知识的掌握,从而不断进步发展。孔子说:"三人行,必有我师焉。"所以谁也不能够认为自己已经达到了学习的最高境界而自我满足。

二、不满足于所取得的成绩。每个人只要努力都会取得一定的成绩和进步。但是取得成绩之后,必须做到正视自己,正视成绩,不满足于现状和成绩,不骄傲自满。任何人都没有骄傲的资本。

三、要能够虚心接受别人的批评和意见,主动向他人请教。在学习、生活和以后的工作中,难免遇到自己不懂不知道的事情,难免出现过失和错误,但关键是能够主动向别人请教,虚心接受别人的批评和意见,及时虚心学习,及时改正错误,不能自以为是。

四、做人要低调,不要自高自大。在心态上保持一颗平常心,在姿态上放低自己，在行为上不过分张扬，在言辞上不口出狂言，不伤害他人。只有这样，才能形成良好的品质和高贵的人格，从而赢得别人的信任和尊重。

　　亲爱的同学，你能做到这些吗？记住，必须！

孤掌难鸣，协作才能共进

——养成善于合作的品格

俗话说："一个篱笆三个桩，一个好汉三个帮""众人拾柴火焰高""人心齐，泰山移""众人划桨开大船"。

亲爱的同学，你明白这些话的意思吗？你在生活和学习中与别人有过合作共事的经历吗？是否体会到在合作中成功的乐趣和意义呢？

一个盲人和一个跛子，被大火围在一座楼房里，眼看只有坐以待毙，但四肢健全的盲人和眼睛明亮的跛子，聪明地组合成一个完整的"身体"，盲人背起跛子，跛子指路，终于从大火中死里逃生。

我们每个人难免在某些时候或是"盲人"或是"跛子"，都需要与他人合作以弥补我们自身的缺陷和不足。一项事业的成功往往是众人精诚合作的结果。事业愈是伟大，就愈显群体合作的重要性。下面请看这几个小故事，认真体会团结合作的重要性。

故事一：一根鱼竿和一篓鱼

从前，有两个饥饿的人得到了一位长者的恩赐：一根鱼竿和一篓鲜活硕大的鱼。其中，一个人要了一篓鱼，另一个人要了一根鱼竿，于是他们分道扬镳了。得到鱼的人原地就用干柴搭起篝火煮起了鱼，他狼吞虎咽，还没有品出鲜鱼的肉香，转瞬间，连鱼带汤就被他吃了个精光，不久，他便饿死在空空的鱼篓旁。另一个人则提着鱼竿继续忍饥挨饿，一步步艰难地向海边走去，可当他已经看到不远处那片蔚蓝色的海洋时，他浑身的最后一点力气也使完了，他也只能眼巴巴地带着无尽的遗憾撒手人寰。

同样有两个饥饿的人，他们同样得到了长者恩赐的一根鱼竿和一篓鱼。只是他们并没有各奔东西，而是商定共同去找寻大海，他俩每次只煮一条鱼，他们经过遥远的跋涉，来到了海边，从此，两人开始了捕鱼为生的日子，几年后，他们盖起了房子，有了各自的家庭、子女，有了自己建造的渔船，过上了幸福安康的生活。

💡 故事二：一个国王的 20 个王子

以前，在一个王国里有 20 个王子。他们都非常有本领。不过他们都高傲自大、互不相容、明争暗斗。

国王看到儿子们的这种情况，非常担心，他明白敌人很容易利用这种不和睦的局面来各个击破，那样国家的安危就成了大问题。国王常常利用各种机会和场合来劝导儿子们不要互相攻击、互相倾轧，要团结友爱。

可是儿子们对父亲的话表面上装作遵从教诲，实际上并没放在心上。国王的年纪一天天老了，他明白自己的日子不会很久了。儿子们怎么办呢？国家是不是要四分五裂了呢？究竟用什么办法才能让他们懂得要团结起来呢？国王越来越忧心忡忡。有一天，他终于想到了一个主意。他把儿子们召集到病榻跟前，吩咐他们说："你们每个人都放一支箭在地上。"儿子们不知何故，但还是照办了。

国王又叫过来自己的弟弟说："你随便拾一支箭折断它。"国王的弟弟顺手捡起身边的一支箭，稍一用力，箭就断了。国王又说："现在你把剩下的 19 支箭全都拾起来，把它们捆在一起，再试着折断。"国王的弟弟抓住箭捆，使出了很大的力气，咬牙弯腰，脖子上青筋直冒，折腾得满头大汗，始终也没能将箭捆折断。国王缓缓地转向儿子们，语重心长地开口说道："你们也都看得很明白了，一支箭，轻轻一折就断了，可是合在一起的时候，就怎么也折不断。你们兄弟也是如此，如果互相斗气，单独行动，很容易遭到失败，只有20个人联合起来，齐心协力，才会产生无比巨大的力量，可以战胜一切，保障国家的安全。这就是团结的力量啊！"

儿子们终于领悟了父亲的良苦用心，想起自己以往的行为，都悔恨地流着泪说："父亲，我们明白了，您就放心吧！"

折箭的道理告诉我们：团结就是力量，只有团结起来，才会产生巨大的力量和智慧。

故事三：一个了不起的实验

一位外国的教育家邀请中国的几个小学生做了一个小实验。一个小口瓶里，放着七个穿线的彩球，线的一端露出瓶子。这只瓶子代表一幢房子，彩球代表屋里的人。房子突然起火了，只有在规定的时间内逃出来的人才有可能生存。他请学生各拉一根线，听到哨声便以最快的速度将球从瓶中提出。实验即将开始，所有的目光都集中在瓶口上。哨声响了，七个孩子一个接着一个，依次从瓶子里取出了自己的彩球，总共用了3秒钟！在场的人情不自禁地鼓起掌来。这位外国专家连声说："真了不起，真了不起！我在许多地方做过这个实验，从未成功，至多逃出一两个人，多数情况是几个彩球同时卡在了瓶口。我从你们身上看到了一种可贵的合作精神。"

这三个故事道出了同一个道理，即合作的重要性。美国哈佛大学一位心理学教授把"与同事真诚合作"列为成功的九大要素之一，而把"言行孤僻，不善于与人合作"列为失败的九大要素之首。

前联合国秘书长安南说："不论今后你们选择什么样的职业，都要学会与人合作相处。"这是秘书长40年外交经验的总结。孙中山先生说："物种以竞争为原则，人类以合作为原则，人类顺此原则则昌，不顺此原则则亡。"可见，合作是多么的重要。

合作能产生双赢。合作不好，则会是一方损伤或两败俱伤。导致失败的例子也有很多。如果一个单位内部不合作，甚至窝里斗，这样在竞争中失败是必定无疑的。所以，学会合作，共同发展，共同进步，也是一个优秀的人，一个成功的团队和集体所必备的素质。

因此，在现代社会中，一个人如果缺乏处理社会关系的能力，不善于与人合作，终将寸步难行，一事无成。

那么如何培养自己的合作精神，养成合作的习惯呢？

一要认识到自己是需要别人帮助的，我们生活在社会中，而不是生活在真空中。

二要了解自身，发现他人，重视和尊重他人。只有互相了解，互相尊重，才能一起合作，这是合作成功的基本准则和前提。

三要学会关心，学会分享，学会合作。

四要学会平等对话，互相交流。学会运用正确方式处理人与人之间、人与集体之间的矛盾。

五要真诚地为别人的成功和喜事而高兴。要试着去欣赏别人的成功、别人的快乐，建立真诚的友谊。

亲爱的同学，你明白如何与人合作了吗？记住"合作能产生双赢"。

海纳百川，有容乃大

——养成宽容大度的品格

亲爱的同学，你还记得廉颇向蔺相如负荆请罪的故事吗？当你遇到家人、老师、同学、朋友或者陌生人错怪你的时候，你是怎么做的呢？当他承认错误的时候，你能不能原谅对方呢？是想对他打、骂，还是伺机进行报复呢？请看下面的小故事，品味其中的道理。

故事一："音乐之父"的《告别曲》

有一位著名的音乐家，在成名前曾经担任过俄国彼德耶夫公爵家的私人乐队队长。突然有一天，公爵决定解散这支乐队，乐手们听到这个消息的时候，一时间全都面面相觑、心慌意乱，不知道如何是好。看着这些和自己一起同甘共苦许多年的亲密战友，他睡不安寝、食不甘味，绞尽脑汁、想来想去，忽然有了一个主意。

他立即谱写了一首《告别曲》，说是要为公爵做最后一场独特的告别演出，公爵同意了。

这一天晚上，因为是最后一次为公爵演奏，乐手们表情呆滞、万念俱灰，根本打不起精神，但是看在与公爵一家相处这些日子的情分上，大家还是竭尽所能、尽心尽力地演奏起来。

这首乐曲的旋律一开始极其欢悦优美，把与公爵之间的情感和美好的友谊表达得淋漓尽致，公爵深受感动。渐渐地，乐曲由明快转为委婉，又渐渐转为低沉，最后，悲伤的情调在大厅里弥漫开来。

这时，只见一位乐手停了下来，吹灭了乐谱上的蜡烛，向公爵深深地鞠了一躬，然后悄悄地离开了。过了一会儿，又有一名乐手以同样的方式离开了。就这样，乐手们一个接着一个地离去了，到了最后，空荡荡的大厅里，只留下了音乐家一个人。只见他深深地向公爵鞠了一躬，吹熄了指挥架上的蜡烛，偌大的大厅刹那间暗了下来。

正当音乐家也像其他乐手一样，要独自默默地离开的时候，公爵的情绪已经达到了顶点，他再也忍不住了，大声地叫了起来："这到底怎么回事呢？"音乐家真诚而深情地回答说："公爵大人，这是我们全体乐队在向您做最后的告别呀！"这时候公爵突然省悟了过来，情不自禁地流出了眼泪："啊！不！请让我再考虑一下。"

就这样，他用一首《告别曲》的奇特氛围，成功地使公爵将全体乐队队员留了下来。他就是被誉为"音乐之父"的世界著名音乐家——海顿。

在滚滚红尘中，有不少人会这样做：你对我不好，我也不会对你好。比如，在被抛弃、被辞退、被退学的时候，也不愿意给对方留下一个好的印象，往往会愤愤离去，甚至采取报复行为，结果出现了一种糟糕的结局。相反，海顿深知，即便是最后的时光，也要一样无限美好地离去，为的是给双方留下一些更美好的或更值得他回忆的东西。结果，他的真情大度告别扭转了局面。

 故事二："这不怪你，是我的问题"的周总理

有一次，周总理去一个理发店理发。理发师理完头发，正在给周总理刮胡须时，总理突然咳嗽了一下，锋利的胡须刀立刻在总理的脸上划开了一道小口子。理发师见把周总理的脸刮破了，十分紧张，又感到很愧疚，双手都不知道放在哪里好了。令人没想到的是，周总理边让人处理胡须刀划出的伤口边和蔼地对理发师说："没事没事，这不怪你，是我的问题，我咳嗽没有提前跟你讲，你在给我刮胡须，也不知道我要动

啊。"

这件小事让我们看到了周总理宽容他人的品德。越是小事越能反映一个人的品德，这也不奇怪为什么周总理会受到那么多人的爱戴了。

 故事三：清代宰相的"六尺巷"

清代中期，大学士张英与一位姓吴的侍郎都是安徽桐城人。两家毗邻而居，都要起房造屋，为争地皮，发生了争执。张老夫人便修书北京，要张英出面干预。而他看罢来信，立即作诗劝道老夫人："千里家书只为墙，再让三尺又何妨？万里长城今犹在，不见当年秦始皇。"张母见书明理，立即把墙主动退后三尺；吴家见此情景，深感惭愧，也把墙后退三尺。这样，张吴两家的院墙之间，就形成了六尺宽的巷道，成了有名的"六尺巷"。

像这样的人物，还有唐代娄师德，气量超人，当遇到无知的人指名辱骂时，就装着没有听到。有人转告他，他却说："恐怕是骂别人吧！"那人又说："他明明喊着你的名字骂！"他说："天下难道没有同姓同名的人？"有人还是不平，仍替他说话，他说："他们骂我而你叙述，等于重骂我，我真不想劳你来转告我。"

德国大作家歌德，一天在魏玛公园小路上遇到了一个经常同他作对的、傲慢的批评家。两人狭路相逢，批评家昂首叉腰，站在路中央，冲着歌德叫嚷："我从来不给一个傻瓜让路！"歌德连忙让到一旁，笑容可掬地说："先生，我和你恰恰相反，请吧！"可见成功人物，并非他有三头六臂，功力高强，而是他的气量比一般人大。因此，气量对人生的功名事业，至关重要。

因此，我们要从小养成气量，学会宽容。那么，如何"养量"呢？一是平时凡是小事，不要太过与人计较，要经常原谅别人的过失，但大事也不能糊涂，也必须有是非观念。二是不为不如意事所累，要泰然处之。三是受人讥讽恶骂，要自我检讨，不要反击对方，气量自然日夜见长。四是学习吃亏，便宜先给别人，久而久之，从吃亏中就会增加自己的气量。五是见人一善，要忘其百非。如果只看见别人缺点而不见别人优点，就无法养成气量。

那么，什么是宽容呢？现代汉语词典中对宽容的解释是：宽大有气量，不计较或不追究。宽容别人，其实就是宽容我们自己；宽容就是忘却，忘记昨日的是非，忘记别人先前对自己的指责和谩骂；宽容就是不计较，事情过了就算了；宽容是一种力量，是一种坚强，而不是软弱，不是无奈；宽容就是在别人和自己意见不一致时也不要勉强。宽容不仅是一种美德，而且是一种大智慧！一种大聪明！更是让你获得友谊，获得帮助，走向成功的一项必备素质。

亲爱的同学，多一点宽容，多一点大度；多一点容忍，多一点体贴；同时自己也会少一些忧愁，少一些烦恼。有句老话：海纳百川，有容乃大。恰如大海，正因为它极谦逊地接纳了所有的江河，才有了天下最壮观的辽阔与豪迈！

喝水不忘挖井人

——养成心怀感恩的品格

亲爱的同学，在你的学习和生活中，你还记得有哪些人帮助过你吗？你是怎样对待生你养你的父母和帮助你的亲人、老师、同学等亲朋好友的呢？

俗话说："滴水之恩，当涌泉相报。"虽然我们不是都能做到涌泉相报，但起码应该有报恩之心，有感激之情。不能把父母的养育视为当然，不能把老师的培养看作应该。如果我们对生命中所拥有的一切都能心存感激，便能体会到人生的快乐、人间的温暖以及人生的价值。

首先要懂得学会感恩父母。子女应抱着一颗感恩的心，感谢上天赐予了你这般无私的爱。从你呱呱坠地开始，你就要庆幸父母给了你一个健全的身体；在你成长时，你应该感谢父母让你能在他们的呵护下丰衣足食地生存；当你抱着一颗感恩的心面对父母时，你会发现，那是一种久久回味的快乐。下面先看这个小故事：

故事一：感恩的心

有一个天生失语的小女孩，爸爸在她很小的时候就去世了。她和妈妈相依为命。妈妈每天早出晚归，只有妈妈回来的时候是她一天中最快乐的时刻，因为妈妈每天都要给她带一块年糕回家。在她们贫穷的家里，一块小小的年糕都是无上的美味呀。

有一天，下着很大的雨，已经很晚了，妈妈还没有回来。小女孩站在家门口望啊望啊，却总也等不到妈妈的身影。天越来越黑，雨越下越大，小女孩决定顺着妈妈每天回来的路去找妈妈。她走啊走啊，走了很远，终于在路边看见了倒在地上的妈妈。她使劲摇着妈妈的身体，妈妈却没有回答她。她以为妈妈太累，睡着了。就把妈妈的头枕在自己的腿上，想让妈妈睡得舒服一点。但是这时她发现，妈妈的眼睛没有闭上！小女孩突然明白：妈妈可能已经死了！她感到恐惧，拉过妈妈的手使劲摇晃，却发现妈妈的手里还紧紧地攥着一块年糕⋯⋯她拼命地哭着，却发不出一点声音⋯⋯

雨一直在下，小女孩也不知哭了多久。她知道妈妈再也不会醒来，现在就只剩下她自己。妈妈的眼睛为什么不闭上呢？她是因为不放心她吗？她突然明白了自己该怎样做。于是擦干眼泪，决定用自己的语言来告诉妈妈她一定会好好地活着，让妈妈放心地走⋯⋯

小女孩就在雨中一遍一遍用手语唱着这首《感恩的心》，泪水和雨水混在一起，从她小小的却写满坚强的脸上滑过⋯⋯"感恩的心，感谢有你，伴我一生，让我有勇气做我自己⋯⋯感恩的心，感谢命运，花开花落，我一样会珍惜⋯⋯"她就这样站在雨中不停歇地用手语唱着，一直到妈妈的眼睛终于闭上⋯⋯

学会感恩，是一种情怀，更是一种情操。只有感谢那些帮助你的贵人，同时感谢上天的眷顾，才能获得更大更多的帮助。接着看第二个小故事：

故事二：手术费＝一杯牛奶

一个生活贫困的男孩为了积攒学费，挨家挨户地推销商品。傍晚时，他感到疲惫万分，饥饿难挨，而他推销得却很不顺利，以致他有些绝望。这时，他敲开一扇门，希望主人能给他一杯水。开门的是一位美丽的年轻女子，她却给了他一杯浓浓的热牛奶，令男孩感激万分。

许多年后，男孩成了一位著名的外科大夫。一位患病的妇女，因为病情严重，当地的大夫都束手无策，便被转到了那位著名的外科大夫所在的医院。外科大夫为妇女做完手术后，惊喜地发现那位妇女正是多年前，在他饥寒交迫时，热情地给过他帮助的年轻女子，当年正是那杯热奶使他又鼓足了信心。

结果，当那位妇女正在为昂贵的手术费发愁时，却在她的手术费单上看到一行字：手术费＝一杯牛奶。

感恩，是一种美德，是一种境界。

感恩，是滴水之恩涌泉相报。

感恩，是值得你用一生去等待的一次宝贵机遇。

感恩，是发自内心的无言的永恒回报。

感恩，让生活充满阳光，让世界充满温馨……

只有心怀感恩，我们才会心地坦荡，胸怀宽阔，生活得更加美好。感谢困难，让我们敢于面对，愈变愈强。感谢伤痛，提醒我们曾经的失败。激励我们向成功进发。感谢命运，给予我们独一无二的一次历程。接着看这个小故事：

故事三：被盗的罗斯福

一次，美国前总统罗斯福家被盗，丢了许多东西。一位朋友闻讯后，忙写信安慰他，劝他不必太在意。罗斯福给朋友回了一封信："亲爱的朋友，谢谢你来信安慰我，我现在很平安。非常感谢上帝，因为：第一，贼偷去的是我的东西，而没有伤害我的生命；第二，贼只偷去我部分东西，而不是全部；第三，最值得庆幸的是，做贼的是他，而不是我。"

失窃是不幸的事，而罗斯福却找出了感恩的三条理由，我们从中可以看到罗斯福的心胸是多么的宽广！

生活之中如果不懂得感恩，就会抱怨生活，就会怨天尤人，就会闷闷不乐，生活便会黯然失色，人生便没有滋味。再看这个小故事：

故事四：同样的半碗水

有两个商人，已在沙漠行走多日，在他们口渴难耐的时候，碰见一个赶骆驼的老人，老人给了他们每人半瓷碗水。两个人面对同样的半碗水，一个抱怨水太少，不足以消解他身体的饥渴，怨恨之下竟把半碗水泼掉了；另一个也知道这半碗水不能完全解除身体的饥渴，但他却拥有一种发自心底的感恩，并且怀着这份感恩的心情喝下去了这半碗水。结果，前者因为拒绝这半碗水而死在沙漠中，后者因为喝了这半碗水，终于走出了沙漠。

这个故事告诉我们，对生活怀有一颗感恩之心的人，即使遇上再大的灾难，也能熬过去。感恩者遇上祸，祸也能变成福，而那些常常抱怨生活的人，即使遇上了福，福也变成祸。故事中老人施舍的是一种爱心，商人喝下的是一份感激，正是这种感激促使他走出了沙漠。

感激不需要惊天动地，而是发自内心的，一句问候，一声呼唤。当得到他人的帮助时，你要投去一个甜甜的微笑；当受到他人的鼓励时，你要说声"我会努力的！"

亲爱的同学，在你的学习、生活以及以后的工作中，都离不开周围人的帮助，对别人的支持和帮助，应感谢他们，心存感恩之心。当一个人拥有感恩之心的时候，他就会因为别人为自己的付出而感动，感动之余，就会以实际行动来报答。

没有规矩，不成方圆

——养成严于律己、遵规守纪的品格

亲爱的同学，在学校你能自觉地遵守课堂纪律和学校的规章制度吗？当你喜欢别人的东西而主人没有允许时，你能不动人家的物品吗？在没有人的地方，你能约束自己的行为吗？下面看这几个小故事的主人公是如何做的。

故事一：许衡不食无主之梨

据说，在南宋末年有一个叫许衡的年轻人，曾经跟很多人一起逃难，经过河阳（今河南省孟州市），由于行走了长远路途，天气又热，喉干口渴，同行的人发现道路附近有一棵梨树，树上结满了梨子，大家都争先恐后地去摘梨来解渴，只有许衡一人，端正坐在树下，连动也不动，大家觉得很奇怪，有人便问许衡说："你怎么不去摘梨来吃呢？"许衡回答说："那梨树不是我的，我怎么可以随便去摘来吃呢？"那人说："现在时局这么乱，大家都各自逃难，这棵梨树，恐怕早已没有主人了，何必介意呢？"许衡说："纵然梨树没有主人，难道我的心也没有主人吗？"

平日凡遇丧葬婚嫁时，许衡一定遵照风俗礼仪办理，全乡人士，都受感化，乡里求学的风气，逐渐盛大。乡内的果树每当果实成熟，掉落

第二章 形成高尚人格

在地上，乡里小孩从那边经过也不看一眼，乡民都这样教导子弟，不要有贪取的心理。许衡的德行传遍天下，元世祖闻知，要任用许衡为宰相，但是许衡不慕荣利，以病辞谢。

许衡去世后，四方人士都聚集灵前痛哭，也有远从数千里外赶来在墓下拜祭痛哭的。皇上特赐谥号为"文正"。

 ## 故事二：周恩来参加劳动不特殊

1958 年的一天，当周恩来率领中央和国家机关各部门领导干部到北京十三陵水库工地参加劳动时，有人建议他带一位医生去，周恩来却说："到了工地一点也不能特殊，我即使有点毛病，应该和大家一样，请工地的医生看看就是了。"一到工地，周恩来就嘱咐随身的警卫说："到了这里，一切都要按这里的规矩办事，一点也不能特殊。"工地指挥部的同志在分配劳动任务时，说了句："我们欢迎首长们……"话还没说完，周恩来就纠正说："这里没有首长。在这里，大家都是普通劳动者。"在工地劳动的一个多星期中，周恩来同大家一样，每天按时上下工，从不迟到、早退，并和工人们同在一个食堂吃大锅饭，在同一个澡堂洗澡，什么事也不特殊。

 ## 故事三：陈毅制定"入城守则"

1949 年 5 月 24 日夜里，上海街头半夜响起激战的枪声。第二天，天刚蒙蒙亮，市民们小心翼翼地打开一点门，从门缝里向外看，只见马路两侧，整齐地躺满了抱着枪，和衣而睡的解放军战士，市民们感到奇怪，"这些军队怎么和以前的不一样呢？"不一会儿，市民们开始走出家门。他们看到战士已经起来了，有的在洗漱，有的在吃饭，吃的是馒头、咸菜。于是，不少市民拿出热水瓶，给战士们倒开水。战士们笑嘻嘻地摇着头，谢绝了。天大亮了，"解放军露宿街头""解放军秋毫无犯"的消息，迅速传遍了整个上海，市民涌上街头，欢迎人民子弟兵，庆祝上海获得新生。

时间观念反映着一个人的工作态度和生活态度。柳传志以"自律"在业界享有盛名。他就是以"管理自己"的方式"感召他人"。自律首先表现在他的守时上，柳传志本人在守时方面的表现让人惊叹。在20多年无数次的大小会议中，他迟到的次数大概不超过五次。

　　有一次他到中国人民大学去演讲，为了不迟到，他特意早到半个小时，在会场外坐在车里等待，开会前10分钟从车里出来，到会场时一分不差。

　　2007年上半年，温州商界邀请柳传志前往"交流"。当时，暴雨侵袭温州，柳传志搭乘的飞机迫降在上海，工作人员建议第二天早晨再乘机飞往温州，柳传志不同意，担心第二天飞机再延误无法准时参会，叫人找来"公务车"连夜赶路，终于在第二天早六点左右赶到了温州。当柳传志红着眼睛出现在会场，温州的那位知名企业家激动得热泪盈眶。

　　俗话说：没有规矩，不成方圆。要想生活在一个更和谐的社会，就要自觉地严格约束自己，时刻将规则放心中，以获得更完满的自由。相反，无视规则、对抗规则的人，常常要受到规则的惩罚，到处碰壁，甚至要付出失去自由的代价。社会上一些不正之风盛行，使许多人为名而争、为利而活，结果是非颠倒，最后那些所谓的聪明人反被聪明误。有些人因此失去了工作和为人原则，失去了自律能力，随心所欲，为所欲为，最终却落个可悲的下场。

　　人需要坚守原则，需要自律。时时检讨自己的行为，在不断完善中获取有价值的东西。因此，希望同学们必须从小养成自律的好习惯，严格要求自己的言行，在学校认真遵守学校纪律和学校的规章制度，在社会上要敬畏规则，敬畏制度，敬畏法律，不断提高对自己的约束能力，从而为自己的人生成功奠定基础，否则一切无从谈起。

言必信，行必果

——养成诚实守信的品格

亲爱的同学，你在与同学、老师、家人以及邻居相处时，有没有许下过诺言呢？许下的诺言都做到了吗？在你的周围有没有说话不算数的人？你是怎样看待那些说话不算数的人呢？你知道什么是诚信和诚信的意义吗？其实诚信对每个人来说都不陌生，诚信是一个人良好修养的表现，诚信是一个人高尚素质的体现。下面你看三个小故事，体会诚信的作用。

 故事一：一个诚信的男孩

18世纪英国的一位有钱的绅士，一天深夜他走在回家的路上，被一个蓬头垢面衣衫褴褛的小男孩儿拦住了。"先生，请您买一包火柴吧？"小男孩儿说道。"我不买！"绅士回答说。说着绅士躲开男孩儿继续走。"先生，请您买一包吧，我今天还什么东西也没有吃呢！"小男孩儿追上来说。绅士看到躲不开男孩儿，便说："可是我没有零钱呀！""先生，你先拿上火柴，我去给你换零钱。"说完男孩儿拿着绅士给的一个英镑快步跑走了，绅士等了很久，男孩儿仍然没有回来，绅士无奈地回家了。

第二天，绅士正在自己的办公室工作，仆人说来了一个男孩儿要求面见绅士。于是男孩儿被叫了进来，这个男孩儿比卖火柴的男孩儿矮了一些，穿的更破烂。"先生，对不起了，我的哥哥让我给您把零钱送来了""你的哥哥呢?"绅士道。"我的哥哥在换完零钱回来找你的路上被马车撞成重伤了,在家躺着呢。"绅士深深地被小男孩儿的诚信所感动。"走!我们去看你的哥哥!"去了男孩儿的家一看,家里只有两个男孩的继母在照顾受重伤的男孩儿。一见绅士,男孩连忙说:"对不起,我没有给您按时把零钱送回去,失信了!"绅士却被男孩的诚信深深打动了。当他了解到两个男孩儿的双亲都已亡故时,毅然决定把他们生活所需要的一切都承担起来。

故事二:诚信的花朵

有一个国王因为没有孩子,就想找一位诚实的孩子做王子。他对前来应招的孩子们说:"今天给你们一粒种子,三个月后,看谁能给我种出最美丽的花,谁就是王子了。"三个月过去了,聪明的或伶俐的孩子们捧着一盆盆五彩的花儿,前来参加最后的竞争。只有一位小孩盆中空空、泪眼涟涟地说:"尊敬的国王,我每天辛勤地浇水,细心地施肥,即使睡觉,也把花盆搂在怀里,但是,我却什么也没种出来……"国王听了哈哈大笑:"诚实的王子呀,你不会种出任何的花草,因为我给你们的,都是炒熟的种子呀!"

故事中,孩子靠诚实做了王子。

故事三:一个因失信而丧生的故事

济阳有个商人过河时船沉了,他抓住一根大麻杆大声呼救。有个渔夫闻声而致。商人急忙喊:"我是济阳最大的富翁,你若能救我,给你100两金子。"待他被救上岸后,商人却翻脸不认账了。他只给了渔夫10两金子。渔夫责怪他不守信,出尔反尔。富翁说:"你一个打鱼的,一生都挣不了几个钱,突然得10两金子还不满足吗?"渔夫只得怏怏而去。不料后来那富翁又一次在原地翻船了。有人欲救,那个曾被他骗过的渔夫说:"他就是那个说话不算数的人!"于是商人淹死了。

亲爱的同学,通过前两个故事,可以看到两个诚信的孩子都赢得了别人的尊重、关心和帮助,得到了较大收获,从而开始了新的生活,逐渐走向成功。第三个故事中商人两次翻船而遇同一渔夫是偶然的，但商人的不得好报却是在意料之中的。因为一个人若不守信，便会失去别人对他的信任。一旦他处于困境，便没有人再愿意出手相救，只能坐以待毙。诚信是中国人的传统美德之一。无论在过去、现在和将来，诚信对于建设人类社会文明都是极为重要的，人们称"诚信是立人之本"。孔子曰："人而无信，不知其可也。"认为人若不讲信用，在社会上就无立足之地，什么事情也做不成。

"诚信是齐家之道"，只要夫妻、父子和兄弟之间以诚相待，诚实守信，就能和睦相处，达到"家和万事兴"之目的。若家人彼此缺乏忠诚、互不信任，家庭便会逐渐崩溃。

"诚信是交友之道"，只有"与朋友交，言而有信"，才能达到朋友信之、推心置腹、无私帮助的目的。否则，朋友之间充满虚伪、欺骗，就绝不会有真正的朋友，朋友是建立在诚信的基础上。

"诚信是为政之基"，《左传》指出诚信是治国的根本法宝。如果人民不信任统治者，国家朝政根本立不住脚。

"诚信是经商之魂"，在现代社会，商人在签订合约时，都会期望对方信守合约。诚信更是各种商业活动的最佳竞争手段，是市场经济的灵魂，是企业家的一张真正的"金质名片"。

"诚信是'心灵良药'"只有做到真诚无伪，才可使内心无愧，坦然宁静，给人带来最大的精神快乐，是人们安慰心灵的良药。人若不讲诚信，就会造成社会秩序混乱，彼此无信任感，后患无穷。

诚信对于自我修养、齐家、交友、经商以至从政，都是一种不可缺少的美德，在人的生活和成长中是非常重要的。因此，不管你将来干什么工作，要想做一个让人尊敬的人，要想成就一番大事业，必须讲究诚信，要有一颗诚信待人的心，做到了诚信，让人信任，自然得道多助，获得大家的尊重、友谊和帮助。反过来，如果贪图一时的安逸或小便宜，而失信于朋友，表面上是得到了"实惠"，但毁了比物质重要得多的是自己的声誉，失去了朋友，无异于丢了西瓜捡芝麻，得不偿失。亲爱的同学，你理解了吧！

承受委屈，喂大格局

——养成承受委屈，担当重任的品格

亲爱的同学，你在家或在学校的学习和生活中受过家长、老师、同学的委屈吗？受委屈之后你是大吵大闹、不思进取还是理解接受勇往直前呢？你敢于为你做的事情承担责任吗？你知道什么是格局吗？格局大小有什么不同的意义呢？

所谓格，就是指人格；局，是指气度、胸怀。关于格局，有人说：格局较低者，只在乎自我，坚持"我要赢，但我要身边的人都输"；格局中上者，会顾及他人，信奉"我要赢，但我要身边的人一起赢"；格局最高者，早已超然物外，"我根本不在乎自己赢不赢"，但因眼界和实力均已到位，虽无所谓输赢，却也绝不会输。曾国藩说："谋大事者首重格局。"可见格局大小对做事是很重要的。下面我们通过这几个小故事，体会一下格局大小对人生的影响。

故事一：受委屈的国王

第一次世界大战前，德国相当强盛，因为"铁血宰相"俾斯麦和国王威廉一世这对搭档配合默契，同心协力。

但让人意想不到的是，国王威廉一世经常在处理完政务后，气得满脸通红地回到后宫。这时候，皇后就会问他："你又是受了俾斯麦那个老头的气了？"

国王没好气地应了："除了他，还有谁能让我生气呢？"皇后不解了："那你为什么老是受他的气呢？而且还不责罚他。"

威廉一世叹了口气，细细解释着："他是宰相，一人之下，万人之上。下面许多人的气，他都要受。那他受了气往哪里出呢？只能往我身上出啊。我受点委屈没什么，国家能好就行。"

 故事二：为闯祸而负责的男孩

1920年的一天，美国一位年近12岁的小男孩与小伙伴们踢足球的时候不小心把邻居家的玻璃踢碎了，邻居要求小男孩拿钱赔偿。于是闯祸的小男孩回家向父母要钱，严厉的父亲听后板着脸，给了小男孩12.5美元，但严肃地跟他说："这12.5美元是我借给你的，你需要想办法还回来。你闯的祸，就应该你自己负责。"

为了还钱，男孩在接下来的几个月里一放学就去刷盘子洗碗打工赚钱。在把钱还给父亲的那一刻，父亲欣慰地拍着男孩的肩膀："一个能对自己的行为负责任的人，将来一定是有出息的。"

这个男孩不是别人，正是美国第40任总统——罗纳德·威尔逊·里根。后来，在回忆往事时，里根总统感慨地说："那一次闯祸，让我懂得了做人的责任。"

 故事三：急着回家的老木匠

一位老木匠辛苦一生建造了无数所房子。有一天，他觉得自己老了，想要回家安享晚年，于是跟老板辞别。老板不忍老木匠离开，但见他去意已决，于是让他再建完最后一所房子再离开。

老木匠答应后马上就开始动工，但人们都看得出，老木匠归心似箭，注意力完全没有集中到工作上来。房梁是歪的，木料的漆也没有以前刷得光亮。

在完工的那一天，老板却给了老木匠这所房子的钥匙，告诉他这是送给他的临别礼物。

这下老木匠愕然了。他从未想到，自己这一生建造了无数精美又结实的房子，最后却只得到了自己亲手打造的这么个粗制滥造的礼物。着急要回家的老木匠，没有对这最后一栋房子负好责任，丢了晚节，也失了做人的格局。

勇于承担责任的人，思想更清明，心态更积极，眼界更长远。不计较眼前的利益，在乎的是更长远的目标；而无责任心的人，只想着自己眼前利益的得失，往往会失了信誉，丢掉了格局。因此一个人的格局有多大，他就能承担多大的责任。

假如将责任的意义无限放大，那便成了使命。一个带着使命感活着的人，其人生格局，更加壮阔。

故事四："历史的敲钟人"——樊建川

从 9 岁开始，樊建川就在收集抗战藏品，到后来更是毅然辞去副市长的职务，走上了更赚钱的从商之路。他从商的目的，是为了完成他赋予自己的人生使命——建博物馆，宣扬历史。

他说："四川有两千家房地产开发商，少我一个没关系。中国 13 亿人，12.5 亿都应该过自己平淡的正常生活，但应该有一部分人挺起脊梁，敲响警钟，去做牺牲，我就想做敲钟人。"

于是他挺起了脊梁，耗资几千万，奔走十多年，致力于建造博物馆，让更多的人关注历史，铭记历史。

2007 年，樊建川与妻子决定将建川博物馆以及所有文物，全部无偿赠予成都市政府，捐赠价值在 80 亿元到 100 亿元之间。而他本人，也已写好遗嘱，要将遗体捐给重庆三医大。

或许你会认为只有这些大人物才会有自己的使命，但其实不然。这世界属于他们，也属于平凡的你和我。一个带着使命感在学习、工作和生活的人，过得更宏伟更幸福。

一个人的格局大不大，就看他能承载多大的使命。懂得承载使命的人，会主动放大个人的责任，哪怕渺小如蝼蚁，也会为这个世界去散发自己的光与热。

可见，一个承受过委屈的人，更懂宽容，更能坚忍；一个承担过责任的人，更懂担当，更有眼界；一个承载过使命的人，更有气魄，更显气节。如果能够达到以上三个者，必是有大格局之人。

　　亲爱的同学，要成就一番大的事业，必须从现在培养自己的胸怀，增强责任感、使命感，能够勇于担当责任，并且能够承受各种委屈，揉碎各种委屈，成长自己的格局，为成功人生奠定基础。

第三章

养成良好习惯

　　奥维德说:"没有什么比习惯的力量更强大。"因此必须明白一点:是你的习惯决定着你的未来。

　　在我们的身上,好习惯与坏习惯并存,人生仿佛就是一场好习惯与坏习惯的拉锯战,把好习惯坚持下来就意味着踏上了成功的快车。

习惯形成性格，性格决定命运

——养成良好的习惯

亲爱的同学，你认为你现在日常生活和学习中有哪些习惯呢？是好的习惯，还是坏的习惯？你觉得这些习惯对你将来有什么影响吗？

心理学巨匠威廉·詹姆斯说："播下一个行动，收获一种习惯；播下一种习惯，收获一种性格；播下一种性格，收获一种命运。"

大哲学家柏拉图有一次就一件小事毫不留情地训斥了一个小男孩，因为这小孩总在玩一个很愚蠢的游戏。小男孩不服气："您为一点小事就谴责我。""但是你经常这样做就不是一件小事了。"柏拉图回答说，"你会养成一个终生受害的坏习惯。"

习惯是长期逐渐养成的一时不易改变的行为、倾向或社会风尚。习惯的力量是巨大的，人一旦养成一个习惯，就会不自觉地在这个轨道上运行。是好的习惯，就会受益终生，是坏的习惯，就会受害一辈子。

故事：身价百万的乞丐

一位没有继承人的富豪死后将自己的一大笔遗产赠送给远房的一位亲戚，这位亲戚是一个常年靠乞讨为生的乞丐。这名接受遗产的乞丐立即身价一变，成了百万富翁。然而当新闻记者来采访这名幸运的乞丐时，问道："你继承了遗产之后，你想做的第一件事是什么？"乞丐回答说："我要买一只好一点的碗和一根结实的木棍，这样我以后出去讨饭时方便一些。"

可见，习惯的力量之大，它把我们困在自己所创造的环境中，并且决定着我们活动空间的大小，也决定着我们的成败。它在不知不觉中，长期地影响着我们行为，影响着我们的效率，左右着我们的成败。

研究表明：一个人一天的行为中，大约只有5%是属于非习惯性的，而剩下的95%的行为都是习惯性的。

那么习惯是怎样形成的呢？行为心理学的研究结果表明，3周以上的重复会形成习惯，3个月以上的重复会形成稳定的习惯，即同一个动作，重复3周就会变成习惯性动作，形成稳定的习惯。

亚里士多德说："人的行为总是一再重复。因此，卓越不是单一的举动，而是习惯。"

亲爱的同学，你是正在成长的青少年，正处于青春期，要想取得成功，必须清楚地认识到习惯的惊人力量，在学习和生活中，除了不断激发自己的成功欲望，有信心、有热情、有意志、有毅力等之外，还应该在日常生活和学习中养成良好的生活习惯、品行习惯、学习习惯，及早培养有利于成功的好习惯，从而实现自己的人生目标。

细节决定成败

——养成从细微之处入手的习惯

亲爱的同学，你一定想成为叱咤风云和雄韬伟略的大人物吧！但你知道怎样才能做成大事，从而成为大人物吗？

其实，想做大事的人很多，愿意把小事做细的人很少。在我们的社会中不缺少雄韬伟略的战略家，而是缺少精益求精的落实者；不缺少各类规章制度，缺少的是对规章制度的落实。如果小事做不好，细节做不细，就有可能造成大的损失，更难说做成大事。

如这首关于《钉子》的小诗所说：丢失一个钉子，坏了一只蹄铁；坏了一只蹄铁，折了一匹战马；折了一匹战马，伤了一位骑士；伤了一位骑士，输了一场战斗；输了一场战斗，亡了一个国家。

所以，同学们只有把小事做好做细才能成就大的事业。老子曾说："天下难事，必作于易；天下大事，必作于细。"这句话精辟地指出了想成就一番事业，必须从简单的事情做起，从细微之处入手。下面请看这三个小故事，理解和体会细节的重要性。

🔆 故事一：为客商订票的小姐

日本东京贸易公司有一位专门负责为客商订票的小姐，她给德国一家公司的商务经理购买往来于东京与大阪之间的火车票。不久，这位经理发现了一件趣事：每次去大阪时，他的座位总是在列车右边的窗口；返回东京时又总是靠左边的窗口。经理问小姐其中缘故，小姐笑答："车去大阪时，富士山在你右边，返回东京时，山又出现在你的左边。我想，外国人都喜欢日本富士山的景色，所以我替你买了不同位置的车票。"就这么一桩不起眼的小事使这位德国经理深受感动，促使他把与这家公司的贸易额由400万欧元提高到1200万欧元。

在当今激烈竞争的商业社会中，公司中员工成千上万，其分工越来越细，其中能够从事大事决策的高层主管毕竟是少数，绝大多数员工从事的是简单烦琐的看似不起眼的小事，也正是这一份份平凡的工作和一件件不起眼的小事才构成了公司卓著的成绩。

中国有句名言叫"细微之处见精神"。对于一个人乃至一个集体，大部分的成功都是建立在一点一滴的日积月累上，即坚定不移地做好每个细节。

故事二：青霉素的发现

青霉素是抗生素的一种，它是从青霉菌培养液中提制的药物，是第一种能够治疗人类疾病的抗生素。

1928年的一天，弗莱明在他一间简陋的实验室里研究导致人体发热的葡萄球菌。由于盖子没有盖好，他发觉培养细菌用的琼脂上附了一层青霉菌。这是从楼上的一位研究青霉菌的学者的窗口飘落进来的。使弗莱明感到惊讶的是，在青霉菌的近旁，葡萄球菌忽然不见了。这个偶然的发现深深吸引了他，他设法培养这种霉菌进行多次试验，证明青霉素可以在几小时内将葡萄球菌全部杀死。弗莱明据此发明了葡萄球菌的克星——青霉素。

1929年，弗莱明发表了学术论文，报告了他的发现，但当时未引起重视，而且青霉素的提纯问题也还没有解决。

1935年，英国牛津大学生物化学家钱恩和物理学家弗罗里对弗莱明的发现大感兴趣。钱恩负责青霉菌的培养和青霉素的分离、提纯和强化，使其抗菌力提高了几千倍，弗罗里负责对动物观察试验。至此，青霉素的功效得到了证明。

由于青霉素的发现和大量生产，拯救了千百万肺炎、脑膜炎、脓肿、败血症患者的生命，及时抢救了许多的伤病员。青霉素的出现，当时曾轰动世界。为了表彰这一造福人类的贡献，弗莱明、钱恩、弗罗里于 1945 年共同获得诺贝尔医学和生理学奖。

弗莱明发现青霉素，是他在观察时没有放过异常现象的结果。如果在观察时不注意这一异常现象，那么青霉素的发现可能会推迟若干年。

🔆 故事三：希腊一次严重的空难

2005 年 8 月 14 日，希腊发生该国历史上最严重的一次空难，机上 121 人全部罹难。围绕这起灾难，人们将关注的焦点转向了塞浦路斯 HCY522 航班失事的原因。最终，当局排除飞机遭恐怖劫持的可能，经过多方取证和模拟实验确定，因为起飞前检修时，工程师不细心的操作和起飞后飞行员的不细心，没有检测出飞机报警的真正原因等人为疏忽，造成起飞后机舱失压以及供氧系统故障，以致酿成这场灾难。

什么是天才？查尔斯·狄更斯说："天才就是注意细节的人。"大千世界，芸芸众生，但能成就一番事业的人却少之又少，原因不是敌人强大、别人制约、环境的恶劣，而是大多数人不注重细节。只要多读一些名人传记，你就会发现，名人之所以成为名人，其实没有什么特别的原因，只是比普通人多注意一些细节问题而已。因此，在学习和生活中一定要养成细心的良好习惯，做生活的有心人，为自己人生的成功奠定良好基础。那么在日常学习和生活中应该如何注重细节呢？

学习上：一要注意各学科的不同特点，从而采取不同的学习方法；二要注意不同老师讲课的不同风格，从而采取不同听课方法；三要注意零碎时间的利用，节省时间；四要注意老师上课时分析问题和解决问题的方法；五要注意知识的联系与区别；六要善于总结知识，形成知识网络，等等。

生活上：一要注意观察每个事物的特点，有哪些特别之处；二要注意留心事情的各种发展变化的细微之处；三要注意思考，多问为什么；

四要注意观察每项日常活动的细微之处；五要无论干什么，都要从小事做起，把小事干好，等等。

　　亲爱的同学，你明白注重细节的作用了吗？无论做什么事，一定要从小事做起，从细节做起。

要做，就全力以赴

——养成做事竭尽全力的习惯

在面对一项任务时，人们往往有三种想法。一是试着做做，遇到困难就停下；二是尽力而为，如果真有无法跨越的障碍，那就不能怨自己了；三是全力以赴，努力做到尽善尽美。其实，第一种想法不可取，第二种想法是为失败找借口，只有第三种想法，才有可能取得不平凡的成就。实践证明，一个人能否成功，最具有决定性因素的并不是这个人的能力是否卓越，也不是外界的环境是否优越，而在于他是否能够为了成功全力以赴！因为成功只属于全力以赴的人！

亲爱的同学，你平时是怎样做的呢？下面请看这几个小故事，能带给你什么启发。

故事一：猎狗与受伤的兔子

猎人一枪击中一只兔子的后腿，受伤的兔子开始拼命地奔跑。猎狗在猎人的指示下也是飞奔去追赶兔子。可是追着追着，兔子不见了，猎狗只好悻悻地回到猎人身边，猎人开始骂猎狗："你真没用，连一只受伤的兔子也追不到！"猎狗听了很不服气地回答道："我尽力而为了呀！"

再说兔子带伤跑回洞里，它的弟兄们都围过来惊讶地问它："那只猎狗很凶呀！你又带了伤，怎么跑得过它的？""它是尽力而为，我是全力以赴呀！它没追上我，最多挨一顿骂，而我不全力地跑我就没命了呀！"

人本来是有很多潜能的，但是我们往往会对自己或别人找借口："管它呢，我们已尽力而为了。"事实上尽力而为是远远不够的，尤其是现在这个竞争激烈的年代。我们应常常问自己，我们今天是尽力而为的猎狗，还是全力以赴的兔子呢？

故事二：搬石头的小孩

一小孩搬石头，父亲在旁边鼓励：孩子，只要你全力以赴，一定搬得起来！

最终孩子未能搬起石头，他告诉父亲：我已经拼尽全力了！父亲答：你没有拼尽全力，因为我在你旁边，你都没请求我的帮忙！全力以赴就是想尽所有办法，用尽所有可用资源。

故事三：心中的顽石

从前，在一户人家的菜园中有一块大石头，大约宽有四十厘米，高有十厘米。来到菜园的人，稍不小心脚就会碰到那一块石头，不是跌倒就是擦伤。一天儿子说："爸爸，为什么我们不把那块厌恶的石头挖走呢？"爸爸回答："你说那块石头呀？从你爷爷时代，就一直放到了现在，它那么大，不知道要挖到多长时间，没事挖石头，不如走路留心一点，还能够训练你的反应能力呢。"过了几年，这块大石头留到下一代，当时的儿子娶了媳妇又生了儿子，当了爸爸。儿子逐渐长大，有一天儿子气愤地说："爸爸，菜园那块大石头，我越看越不顺眼，改天请人搬走好了。"爸爸回答说："算了吧！那块大石头很重的，要是能够搬走的话，在我小时候就搬走了，哪会让它留到现在呢？"儿子心底十分不高兴，那块大石头不知道让他跌倒了多少次。有一天早上，儿子自己带着锄头和一桶水，将整桶水倒在大石头的四周。停了一会儿，儿子用锄头把大石头四周的泥土搅松。儿子早就有心理准备，可能要挖一天吧，谁都没想到很快就把那石头挖起来了，看看大小，这块石头没有想象的那么大，只是被那个巨大的外表蒙骗了。

我们可以看出其实阻碍我们去发现、去创造的，仅仅是我们心理上的障碍和思想中的顽石。如果要改变我们的世界，我们必先改变自己的心态，消除心理中的顽石，全力以赴一定会实现自己的理想和目标。

精力集中是做事的根本

——养成专注投入的习惯

亲爱的同学，这个世界上有一把神奇的钥匙，拥有它就拥有了神奇的力量，就可以打开成功的大门。你知道它是什么吗？拿破仑·希尔的回答只有两个字——专注。

《荀子·劝学》中说："蚓无爪牙之利，筋骨之强，上食埃土，下饮黄泉，用心一也。"是的，从古至今，只要在事业上有所成就的人，无一不是贯注了全部的精力。请看下面的三个小故事中的主人公的专注程度。

 故事一：被锁在图书馆的陈景润

陈景润一旦进了图书馆，就好像掉进了蜜糖罐，怎么也舍不得离开。

有一天，陈景润吃了早饭，带上两个馒头，一块咸菜，到图书馆去了。

陈景润在图书馆里，找到了一个最安静的地方，认认真真地看起书来。他一直看到中午，觉得肚子有点饿了，就从口袋里掏出一个馒头来，一边啃着，一边还在看书。

"丁零零……"下班的铃声响了，管理员大声地喊："下班了，请大家离开图书馆!"人家都走了,可是陈景润根本没听见,还是一个劲地在那儿看书。

管理员以为看书的人都离开图书馆了,就把图书馆的大门锁上回家了。

时间悄悄地过去,天渐渐黑下来了。陈景润朝窗外一看,心里说:今天的天气真怪!一会儿阳光灿烂,一会儿天又阴啦。他拉开了电灯开关,又坐下来看书。看着看着,忽然,他站了起来。原来,他看了一天书,开窍了。现在,他要赶回宿舍,把昨天没做完的那道题接着做下去。

陈景润把书收拾好,就往外走去。图书馆里静悄悄的,没有一点儿声音。哎,管理员上哪儿去了呢?来看书的人怎么一个也没了呢?陈景润看了一下手表,啊,已经是晚上八点多钟了。他推推大门,大门锁着;他朝门外大声喊叫:"请开门,请开门!"可是没有人回答。

要是在平时,陈景润就会走回座位,继续看书,一直看到第二天早上。可是,今天不行啊!他要赶回宿舍,做那道没有做完的题呢!

他走到电话机旁,给办公室打电话,可是没有人接。他又拨了几次号码,还是没有人接。怎么办呢?这时候,他想起了党委书记,马上给党委书记拨了电话。

"陈景润?"党委书记接到电话,感到很奇怪。他问清楚是怎么一回事,高兴得不得了,笑着说:"陈景润,陈景润!你辛苦了,你真是个好同志。"

党委书记马上派人找到了图书馆的管理员。图书馆的大门打开了,陈景润向管理员说:"对不起,对不起!谢谢,谢谢!"他一边说一边跑下楼梯,回到了自己的宿舍。

💡 故事二:找不到家的爱因斯坦

一天,普林斯顿高级研究所办公室的电话响了。电话里一个声音问道:"你能否告诉我,爱因斯坦博士的家在哪儿?"秘书回答:"对不起,我不能奉告,因为我要尊重爱因斯坦博士的意愿,他不愿自己的住处受到打扰。"这时电话里的声音低到几乎耳语般地说："请你不要告诉任何人，我就是爱因斯坦，我正要回家去，可是我找不到家啦。"原来，爱因斯坦走路时思考着科研问题，竟迷路"找不到家"，这位大师聪明绝顶，为何会发生这一类事情呢，这是因为他专注于自己的事业。

故事三：忘了自己名字的爱迪生

有一次，爱迪生去缴税，他站在队伍的后面缓慢地向纳税窗口移动。就是在这个时间里，爱迪生仍然没有忘记他刚才思考的有关发明的问题，轮到他缴纳税款了，当税务人员向他问话时，他竟然一下子变得目瞪口呆起来，以至于税务人员问他姓甚名谁时，他都不知该做何回答。等他将记忆从思想的海洋里拉到眼前的事情上来时，才想起自己的名字是爱迪生，但这时，税务人员已经在给他后面的人办理业务了，而他只能重新排到队伍后面去，再次回来缴纳税款。

儿童教育专家 M·S·斯特娜认为，一个人只有首先养成一种专心的习惯，加强对专注力的培养，才有可能对自己所从事的事业全身心投入，才能排除干扰走向成功。那么专注力如何培养呢？

方法之一：运用积极目标的力量。我们知道，在军事上把兵力漫无目的地分散开，被敌人各个围歼，是败军之将。这与我们在学习、工作和事业中一样，将自己的精力漫无目标地散漫一片，永远是一个失败的人物。学会在需要的任何时候将自己的力量集中起来，注意力集中起来，这是一个成功者的天才品质。培养这种品质的第一个方法，就是要有积极的目标。

方法之二：要有对专心素质的自信。对于绝大多数同学，只要你有这个自信心，相信自己可以具备迅速提高注意力的能力，能够掌握专心这样一种方法，你就能具备这种素质。

方法之三：清理大脑。大脑是一个屏幕，那里面也堆放着很多东西。要学会将自己心头浮光掠影般活动的各种无关的情绪、思绪和信息收掉，只留下你现在要进行的科目，就像收拾你的桌子一样，收拾干净，清理好大脑。

方法之四：学会排除外界干扰。我们一定知道，一些优秀的军事家在炮火连天的情况下，依然能够非常沉着地、注意力高度集中地指挥战斗的故事吧。他们是怎样做得到呢？还有，要在干扰中训练排除干扰的能力。毛泽东在年轻的时候，曾经给自己立下这样一个训练科目，就是到城门洞里、车水马龙之处读书。为了什么？就是为了训练自己的抗干扰能力。

方法之五：善于排除内心的干扰。在这里要排除的不是环境的干扰，而是内心的干扰。环境可能很安静，在课堂上，周围的同学都坐得很好，但是，内心可能有一种骚动，有一种干扰自己的情绪活动，有一种与这个学习不相关的兴奋。对各种各样的情绪活动，要善于将它们放下来，予以排除。

方法之六：节奏分明地处理学习与休息的关系。同学们千万不要这样学习：从早晨开始就好像在复习功课，书一直在手边，但是效率很低，同时一会儿干干这个，一会儿干干那个。12 个小时就这样过去了，休息也没有休息好，玩也没玩好，学习也没有什么成效。

方法之七：清理学习空间。这是一个非常简单的方法，当你在家中复习功课或学习时，要将书桌上与你此时学习内容无关的其他书籍、物品全部清走。

自古以来，人不能在同一时间内，既能抬头望天又可以俯首看地，左手画方，右手画圆。所以说，做事情，不能专心便一事无成。亲爱的同学，你知道该如何专注地学习和做事了吧！

做事有始有终

——养成持之以恒的习惯

亲爱的同学，当在学习和生活中遇到一件需要很长时间才能完成的事时，你是浅尝辄止还是持之以恒、坚持到底呢？下面看这三个小故事，看看他们是如何做的。

 故事一：一刀把木板切成了两块

有一位同学耐性不够，做一件事只要稍稍有点困难，就会气馁。有一天晚上，他父亲给他一块木板和一把小刀，要他在木板上切一条刀痕。当他完成后，父亲就给他锁在他的抽屉里。以后每天晚上，他父亲都要他在切过的痕迹上再切一次。这样持续了好几天。终于到了一天晚上，他一刀下去，就把木板切成了两块。父亲说："你大概想不到这么一点点力气就能把一块木板切成两半吧！你一生的成败，并不在于你一下子用多大力气，而在于你是否能持之以恒。"

 故事二：袁隆平：一生只做一件事就够了

现任中国工程院院士的袁隆平，被誉为"杂交水稻之父""米菩萨"，曾获国家特等发明奖、国家最高科学技术奖和联合国科学奖、沃尔夫奖、世界粮食奖等多项大奖。

袁隆平这个名字，之所以能够与粮食连接在了一起，是因为他"让更多人吃饱饭"的简单而朴实的理想，从而坚持用一生心血不断研究的杂交水稻解决了中国人的吃饭问题，也为世界上众多还在挨饿的人带来生的希望。

1953年，袁隆平怀揣着建设国家的梦想来到了湖南省最偏僻的湘西安江农校。而这一待，就是20年。然而，在1959年，严重的自然灾害导致了粮食产量的锐减，造成严重的饥荒。安江农校的师生，每天只有半斤的口粮。袁隆平也饿得浑身浮肿，直熬到秋天，才得以暂时的缓解。有的人挺过了饥荒，而有的人没能撑过去。饥荒的惨痛记忆跟随了袁隆平一生，也让袁隆平将解决粮食问题作为自己一生的事业去奋斗。

袁隆平与水稻的缘分，开始于1960年夏天，田里一株特殊的水稻吸引了袁隆平的目光。这就是袁隆平发现的第一株天然杂交稻，开启了袁隆平杂交水稻之路的探索。

1964年，袁隆平在我国率先开展水稻杂种优势利用研究，并提出三系法途径来培育杂交水稻，以大幅度提高水稻产量。

经过10年奋战，终于攻克了三系法杂交水稻研究中的难题。1972年袁隆平与同事们一起率先育成我国第一个实用的"二九南1号"，1974年选育成第一个强优组合"南优2号"，1975年研究出一整套生产杂交种子的制种技术，1976年开始，杂交水稻在全国大面积推广，比常规稻平均增产20%左右。由此，袁隆平成为世界上第一个成功地将水稻杂种优势应用于生产的科学家。1980年以来，袁隆平又先后育成"威优64""威优49"等几个大面积推广的早熟、多抗新组合。1995年，两系法杂交水稻研究成功，普遍比同熟期的三系杂交稻每亩增产5%—10%。

1998年，袁隆平主持的长江流域两系法杂交早籼稻选育研究获得突破，育成优质、高产、早中熟的两系早籼稻组合。2000年，超级杂交稻实现百亩示范片亩产700公斤的第一期目标；2004年，超级杂交稻实现百亩示范片亩产800公斤的第二期目标；目前水稻平均亩产达1100多公斤。

如今袁隆平虽然已经 90 岁了，但他依然坚持每天待在田间地头，继续着杂交稻的研发。依旧在努力攻关，希望解决杂交稻的安全问题与海水稻品种的培育。

对于袁隆平来说，一生只做一件事就够了。而这件事足够伟大，也足够艰难。它需要的，就是一生的坚守，一生钻研，也只有这样持之以恒，才实现伟大的目标。

🔦 故事三：最后的一个夜班

有三个好朋友，毕业后去了同一家公司求职，最后他们都被留了下来，但上班第一天，经理就告诉他们，他们现在只是在试用期，并不是公司的正式职员。第一个月公司会对他们的工作状况进行考核，合格的在试用期结束后将会成为公司的正式员工。三个人都对经理保证自己会好好地干，会善始善终，努力把工作做好。

试用期三个人的工作是枯燥乏味的，并且他们的工作量很大，经常加班到很晚，但是三个年轻人都没有去抱怨，他们都期待着试用期过后，自己能正式成为公司的一员，然后可以做一些自己喜欢的工作，抱着对自己以后工作的向往，三个人干劲很足。

时间过得很快，试用期马上就要结束了，三个人相信凭着自己的良好表现，他们肯定都能通过公司的考核。最后那天下午，经理找到了三个年轻人，对他们说："非常抱歉，你们三个都没有通过公司的考核，按照我们事先的约定，你们不能再在公司待下去了，这是这个月的工资，你们收好，等上完今天的这个夜班，你们就可以走了，祝你们以后一切顺利。"听到经理的这些话后，三个人非常惊讶，但事情已经这样了，也没有回旋的余地了。夜班时间很快就到了，三个人当中的一个，朝厂房走去，他不想因为自己的原因而影响整条流水线的工作。另外两个人心想，既然没有通过公司的考核，并且工资也发了，索性没有去上夜班。

最后一晚像往常一样结束了，年轻人疲惫地走出厂房，令他吃惊的是，经理正站在厂房的门口冲他微笑。经理招手把他叫过去，对他说：

"经公司研究决定，你的试用期今晚正式结束，我们决定录用你为我们公司的正式职员，明天请到公司总部接受新职位的任命，恭喜你。其实，你们三个人都很优秀，表现得非常好，不过我们只选择最优秀的那一个，这个人就是你。"

因为一个夜班的差别，这个人最后的结果与他的那两个朋友迥然不同，因为他选择了坚持，选择了善始善终。

没有失败，只有放弃。坚持不住的时候，只需再坚持一下，可能就是那么一小下，奇迹就会发生了！尽管有时候即使坚持也无法得到最理想的结果，但如果不坚持，那就一定是一无所获。坚持，坚持，再坚持！世上所有的成功，都产生于再坚持一下的努力之中。

意大利有一句民谚："走得慢且坚持到底的人，才是真正走得快的人。"而在我们中国，我想你也知道《龟兔赛跑》的故事吧！因此，在青少年时期一定要培养自己的耐心、恒心，努力养成持之以恒的习惯。

那么如何培养持之以恒的习惯呢？其实很简单，只要你确定目标，然后持之以恒地专注于你的目标，把你所有的思想、行动及意念都朝着那个方向前进，并坚定不移地干下去，不随便更换就可以。比如你可以像一条河流一样，越流越宽阔，但是千万不要再想去变成另外一条河，或者变成 座高山。有了既定目标以后，你的生命就不会摇晃，也不会因为有某种机会就到处乱窜，这样你才能够做成事情。同时要坚持以下几个原则：

一不要沉湎于有损身体和精神效率的活动。如过多吸烟，过量饮酒等。

二要坚持体育锻炼，增强你的体质。

三要通过不断地强迫自己去做一些紧张的脑力劳动来考验你的精神忍耐力。

亲爱的同学，你看到和学会了吗？做事善始善终，持之以恒，才能把事情做好做成。一定要坚持，坚持，再坚持。

从现在做起

——养成立即行动的习惯

亲爱的同学，你在生活和学习中遇到事情或问题时，是马上去做还是等到明天呢？你知道立即行动的好处吗？

"想做的事情，马上动手，不要拖延！"这是许多成功人士总结出来的"黄金经验"。因为他们对工作的态度是立即执行，所以把握住了成功。请看下面这几个小故事，体会立即行动的好处。

 故事一：一堂"怎样成为文学家"的课

有一天，美国著名作家辛克列尔·利尤依斯应邀给一群文学系的学生讲课，题目是：怎样成为文学家。他首先提了一个问题："在座的谁确实想当作家？"学生们不假思索，纷纷举起手。"要是这样"，他边说边把讲义塞进口袋，"我给你们提个建议：回家去写。"说完，他离开了教室。

 故事二：一艘触礁的海轮

有一艘海轮途中触礁，船体进水。乘客有的急忙找救生圈，有的找自己的行李，但更多的人在发牢骚：有的责怪船长，说其驾驶技术太差；有的大骂造船厂，说其生产伪劣产品。这时，一位乘客高声喊道："我们的命运不是掌握在我们的嘴上，而是掌握在我们的手上，快堵住漏洞！"经过众人的努力，漏洞被堵住了，海轮安全地驶向彼岸。

 故事三：一位知名公司的经理

乔伊斯是某著名公司的部门主管，他曾经因为自己的工作而烦恼不已。原来，他每天的办公桌上都堆得满满的，处理不完的文件和事情一个接着一个，忙得他焦头烂额，精神接近崩溃。为了改变这种局面，他决定去请教一位成功的公司经理。

当乔伊斯来到那位经理的办公室时，经理正在打电话。乔伊斯的眼光不自觉地落到了经理的办公桌上，令他奇怪的是，经理的办公桌上干净整洁，只有几页纸在上面，根本就没有堆积如山的文件。听着经理有条不紊地给下属布置工作，不断地回答、解决下属提出的疑问，乔伊斯若有所思。

经理处理完手头上的事情，才把目光转向乔伊斯，并为刚才的冷淡而道歉。经理问乔伊斯有什么事，乔伊斯站起来说："本来我是想来您这里取经的，看看身为一个全球知名公司的部门经理，是如何应对如此大量而繁重的工作。但你刚才处理问题的一幕已给了我明确的答案：遇到经手的问题立即解决掉，不要拖延。否则，事情就会越积越多，而越来越多的文件会让自己找不出头绪，办事效率降低，更容易使自己疲惫。我在这之前，总是先把事情接下来，等会儿再说。这样就造成了问题的大量积压，最后使自己不堪重负。"

从此，乔伊斯对于遇到的工作和问题从不拖延，立即解决掉，最后终于成为这家知名公司的经理人。

通过以上三个小故事可以看出，只有空想，只是怨天尤人，是不能实现目标，不能解决问题的，所以，一个人要想在自己的事业中取得成功，必须克服空想，付出行动，必须克服拖拉的习惯，立即行动，这是至关重要的，这样才会提高学习和工作效率，出色地完成任务。

比如，当一个生动而强烈的意念突然闪耀在一个作家脑海时，他就提起笔来，把那意念描写在白纸上，这样他就有很大收获。但如果他一拖再拖，那意念就会变得模糊，甚至完全从他思想里消失。

当一个神奇美妙的幻想突然跃入一个艺术家的思想时，他就需要立即把这个幻想画在纸上。如果他拖拉着，不愿在当时动笔，那么过了一段时间，即使再想画，那留在他思想里的好作品或许早已消失了。

灵感往往转瞬即逝，所以应该及时抓住，要趁热打铁，立即行动。更坏的是，拖拉有时会造成悲惨的结局。有的人身体有病却拖拉着不去就诊，不仅身体上要受极大的痛苦，而且病情可能恶化，甚至成为不治之症。也就是说因为拖拉，时间无效地白白耗费了；因为拖拉，错失了最佳的工作时机；因为拖拉，完成原来的任务需要付出双倍的时间；因为拖拉，把小问题积累成了大问题，本来可以轻易解决的事变成了需要付出更多精力才可搞定；一句话，因为拖拉，时间更加的不够用。所以，要想高效，事半功倍，第一需强调的就是改掉拖拉的习惯。

"明日复明日，明日何其多。我生待明日，万事皆蹉跎。"要想不荒废岁月，取得好的成绩，就要克服拖拉这个缺点，养成立即行动的习惯。好习惯，须从当下开始做起，任何"明天开始""回头再说""以后"其实就是永远也完成不了的代名词。其实有很多很好的梦想实现不了，就是因为我们本来应该说"立即""马上"的时候，却说"等一会儿，一定去做"。时间既不能逆转，也不能贮存，更不能再生。一生最重要的时刻就是当前，唯一能把握的也是现在，只有珍惜现在，才能更好地把握未来，它是你成功的最重要保证。

罗斯福说："失去的土地总是可以复得的，而失去的时间将永不复返。"立即行动，才能更快地超越他人，更快地走向成功！那么，该怎样克服拖拉的毛病，养成立即行动的习惯呢？以下几点可供我们参考：

一要对目标有意识地加以分析，看看尽快做有什么好处，拖拉有哪些坏处。应充分利用眼前的五分钟做自己要做的事情，不要一再推迟那些可以给你带来愉快的活动。

二要善于化大为小，难题就好解决了。出成绩的人大都懂得这种方法的价值。

三要有实施的勇气。勇气是克服怯懦、付诸实施的能力。

四要利用兴致。在该办的事中先拣有兴致的办,让精神状态为你服务。

五要不论打算做什么,都从现在开始,立即动手。要勒令自己,决不拖延,有事及早干。

六要向人保证,限定时间完成任务。这会使人产生一种有益的焦虑和时间紧迫感,有效地克服拖拉,养成立即行动的习惯。

亲爱的同学,学会立即行动了吗?这样才能克服拖拉的坏毛病,提高学习或工作的效率,更快地迈向成功。

永远争做第一

——培养竞争意识

达尔文说："物竞天择，适者生存。"亲爱的同学，你知道这句话是什么意思吗？

物竞天择，适者生存，是指物种之间及生物内部之间相互竞争，物种与自然之间抗争，能适应自然者被选择存留下来的一种丛林法则。

当今社会是一个充满竞争的时代，时时处处无不存在着竞争。在这个竞争激烈的社会，人想要生活，想要成功，不是一个等待的过程，必须要主动进攻，把握住各个可以把握的机会才行。竞争使无为者屈辱，使无能者恐慌，使无所事事者在激烈的竞争中没有一天舒适的日子。因此，竞争在促进着自然界的发展，社会也在竞争中得到较快发展和进步，同样，人在竞争中也能够得到成长和提高。下面看以下三个小故事，体会一下竞争的意义。

 故事一："被宠而成"的八千只病鹿

20世纪初叶，美国亚利桑那州北部的凯巴伯森林还是松杉葱郁，生机勃勃，大约有四千只左右的鹿在林间出没。总统罗斯福为了保护它们，宣布凯巴伯森林为全国狩猎保护区，并决定由政府雇请猎人到那里去消灭狼。经过25年的猎捕，有六千多只狼先后毙命，森林中其他以鹿为捕食对象的野兽也被捕杀了很多。鹿成了宠儿，在森林中过着安全、食物充足的幸福生活，数量增至十万只。十万多只鹿大量啃食绿色植被，导致灾难降临，到1942年时，只剩下不到八千只病鹿。这就是没有了敌人，没有了竞争对手，就会在安逸的生活中灭亡的后果。

💡 故事二：英国的"铁娘子"首相

玛格丽特·撒切尔是一个享誉世界的政治家，她有一位非常严厉的父亲。父亲总是告诫自己的女儿，无论什么时候，都不要让自己落在别人的后面。撒切尔牢牢记住父亲的话，每次考试的时候她的成绩总是第一，在各种社团活动中也永远做得最好，甚至在坐车的时候，她也尽量坐在最前排。后来，撒切尔成为英国历史上第一位女首相，众所周知的"铁娘子"。这就是强烈的"永远争做第一"的竞争意识，促使着她较快地成长和进步。

💡 故事三：中国乒乓男队的"双子星"

刘国梁和孔令辉是同时进入乒乓赛场及国家队的好友，当年堪称中国乒乓球男队的"双子星"，既是实力相当的竞争对手，又是情同手足的合作伙伴。他们师出同门，同时披上国字号战袍。在那个鲜花遍开的五月，他们喜捧韦思林杯（男子团体冠军杯），可是两个要好的朋友又要一起打进男子单打决赛。当男子单打冠军杯真的摆在面前时，这对好朋友突然意识到结局的残酷：自己的胜利就意味着好友的失败。可贵的是，在赛场上，他们完全展示出自己的智慧和才艺。刘国梁以奇取胜，孔令辉稳中带凶，激烈的比赛战至决胜局。最终，左右开弓的孔令辉成为男单新科状元。没有想象中的欣喜若狂，我们看到的是异常平静的孔令辉，还有他脸上那甚至有些不好意思的笑容。刘国梁的脸上曾掠过一丝失望，但毕竟是自己最好的朋友夺得了冠军，他的祝贺是发自心底的。这场比赛让两个好朋友懂得了怎样面对竞争与合作。在后来的比赛中，他们又携手夺得男子双打冠军。

同学们，通过以上三个故事可以看出，人只有具有勇争第一的竞争意识，才能做得更好，才能变得更加优秀。

那么我们应该怎么做，才能在竞争中取胜，在事业上成功呢？

一要培养胆识。俗话说，有胆才有识。胆，就是胆量，是一种"不怕""不畏惧"的精神状态。识，就是知识、见识。有了"胆"，才能勇于探索，勇于拼搏，勇于奋不顾身、迎难而上、开拓进取，才能丰富知识，增长见识。竞争需要胆识，如果没有见识，竞争肯定难以取胜。因此平时我们要注意培养胆识，提高胆量。

二要有争做第一的强烈意识。要想成就一番大的事业，就要具备"永远争做第一"的竞争意识。干什么事，都要达到最佳状态，做到最好，争创第一。不能满足于现状，不能得过且过。因此平时学习就要有强烈的竞争意识，有强烈的争先创优意识，有不达目标誓不罢休的思想和精神。

三要不断学习，提高竞争力。盖亚斯说："唯一能持久的竞争优势是胜过竞争对手的学习能力。"因此，只有不断学习，不满足于现状，不断进步，提高自身能力，才能提高自身素质，才能具有较强的竞争力，最终才能胜过对手。学生时代正是学习文化知识，提高自身素质的大好时期。因此，同学们一定要珍惜时间，努力学习，并且学会学习，持续学习，为适应社会奠定坚实基础。

四要克服自卑，增强自信心。在日常学习和竞争中，要认真分析总结自己的优势和不足，了解掌握对手的优势和缺点，不断完善自我，弥补不足，提高自己的竞争力，以树立坚定的自信心，克服自卑心理。只有先从心理上战胜对手，最终才能在竞争中战胜对手。同时，面对竞争中的失败，要正确分析原因，调整策略和方法，克服自卑情绪，从而继续保持较强的竞争力。

五要力戒嫉妒，防两败俱伤。竞争中，对手强于自己，也属于正常，任何人不可能是常胜将军。但必须正确认识和看待竞争中的失败，认真分析自己的优缺点，总结过程中的得失，心理上不能嫉妒对手，只能不断学习，完善自己，提高自己的竞争力，才能获胜。否则，嫉妒既会扼杀别人，也会扼杀自己，最终两败俱伤，并不能解决问题。

亲爱的同学，你现在是否理解了竞争的意义？是否知道了如何在正当的竞争中取胜呢？这就需要你提高竞争意识，增强竞争能力啦！

近朱者赤，近墨者黑

——养成良好的交友习惯

俗话说："在家靠兄弟，出门靠朋友。""朋友多了路好走。""有朋自远方来，不亦乐乎！"这些都是中华民族的优良传统，说明人生一世，可以没有金银财宝，可以没有高官厚禄，但不可以没有朋友。朋友是了解社会的窗口，也是人生的一剂良药，朋友在人生之中起着重要的作用。

亲爱的同学，你有几位要好的朋友呢？你们因为什么而成为好朋友？你知道的朋友种类有哪些呢？你知道"近朱者赤，近墨者黑"是什么意思吗？

明代苏浚将朋友分为四类：以道义互相砥砺，有过失互相规劝，这就叫畏友；不论在平时，还是在危急的时候，都可以处得，遇到生死关头可以依靠，这就叫密友；甜言蜜语像糖似的，以吃喝玩乐相来往，叫昵友；有了利益就互相争夺，有了祸患就互相倾轧，这就叫贼友。因此交友要多交益友、畏友、密友，不交损友、昵友、贼友。

请看下面的小故事，体会什么是真正的朋友。

 故事一："高山流水"遇"知音"

春秋战国时期有一个人叫俞伯牙，这人琴弹得特别好。有一天他在深山老林里弹琴的时候，来了一个打柴人叫钟子期。俞伯牙一弹琴，钟子期就说："峨峨兮若泰山。"俞伯牙心里很惊讶，因为他心里正想表现高山呢，就被听出来了。俞伯牙心想：我换一个主题，我表现流水，看你还能不能听出来。谁知，钟子期一听，又说："洋洋兮若江河。"不管俞伯牙弹什么，钟子期都能听出音乐表现的内容。于是乎两个人就成了好朋友，成了知音。但是，没多久钟子期去世了，俞伯牙痛失知音，伤心到极点的时候，就把自己的琴给摔了，发誓永远不再弹琴。这个故事就是"高山流水"成语的由来，形成了"知音"这样一个日常生活中常用的词。

故事二：友谊笃厚的管鲍之交

"管鲍"指春秋时期的著名政治家管仲和他的朋友鲍叔牙两个人。管仲年轻时和鲍叔牙一起做生意，赚了钱之后，鲍叔牙知道管仲家里十分贫困，总是多分给管仲一些，绝不认为管仲贪心；管仲帮助鲍叔牙做事时，不一定件件做得很好，鲍叔牙不认为管仲愚蠢，而理解那是受客观条件所限；管仲做官，曾三次被逐，鲍叔牙深知并非管仲人品不好，或是干得不出色，而是时机和运气问题。管仲深情感叹道："生我者父母，知我者鲍子也！"鲍叔牙后来推荐管仲做了齐国之卿，管仲帮助齐君大力推行改革，使齐国成了春秋的第一霸主。现在，人们常以"管鲍之交"形容友谊笃厚。

故事三：共同信仰的伟大友谊

青年时期的马克思就有着改造社会的强烈愿望并付诸行动，因而他受到反动政府的迫害，长期流亡在外。1844 年，马克思在巴黎认识了恩格斯，共同的信仰使彼此把对方看得比自己都重要，马克思长期的流亡，生活很苦，常常靠典当，有时竟然连买邮票的钱都没有，但他仍然顽强地进行他的研究工作和革命活动。恩格斯为了维持马克思的生活，他宁愿经营自己十分厌恶的商业，把挣来的钱源源不断地寄给马克思，他不但在生活上帮助马克思，在事业上，他们更是互相关怀，互相帮助，亲密地合作。他们同住伦敦时，每天下午，恩格斯总到马克思家里去，一连几个钟头，讨论各种问题；分开后，几乎每天通信，彼此交换对政治事件的意见和研究工作的成果。他们之间的关怀还表现在时时刻刻设法给对方以帮助，都为对方在事业上的成就感到骄傲。马克思答应给一家英文报纸写通讯稿时，还没有精通英文，恩格斯就帮他翻译，必要时甚至代他写。恩格斯从事著述的时候，马克思也往往放下自己的工作，编写其中的某些部分。马克思和恩格斯合作了40年，建立起了伟大的友谊，共同创造了伟大的马克思主义。正如列宁所说的"古老的传说中有各种各样非常动人的友谊故事，欧洲无产阶级可以说，它的科学是由两位学者和战友创造的。他们的关系超过了古人关于人类友谊的一切最动人的传说。"

故事四：割席而坐

管宁和华歆一起在园中锄菜，看到地上有片金子，管宁依旧挥锄，就像看到瓦石一样。华歆却捡起来，但是看见管宁的神色不对劲就又扔了金子离开。俩人还曾坐在一张席上读书，有人乘华车经过门前，管宁像往常一样读书，华歆却丢下书，出去观望。管宁就把席子割开和华歆分席而坐，并对华歆说："你不是我的朋友。"

故事五：患难见真情

北宋的范仲淹因主张改革，惹怒了朝廷，被贬去颍州。当范仲淹卷起铺盖离京时，一些平日与他过从甚密的官员，生怕被说成是朋党，纷纷避而远之。有个叫王质的官员则不然，他正生病在家，闻讯后，立即抱病前去，大摇大摆地将范仲淹一直送到城门外。在那一人犯罪株连九族的封建社会里，王质能做到不计个人利害得失，真诚待友，和那些见利忘义之徒相比较，实在是难能可贵的。对范仲淹来说，谁是真朋友，谁是假朋友，此时此刻，也就一清二楚了。

亲爱的同学，"近朱者赤，近墨者黑"这一古训说明人的成长受接触的环境、接近比较多的人影响较大。交友对一个人的思想、品德、学业都会产生深刻影响，因此要养成良好的交友习惯。时刻牢记"近朱者赤，近墨者黑"这句古训，以免因滥交朋友，而受其影响，误入歧途，因此，交友要做到以下四点：

一是目的纯正，生活充实。交友的目的是为了充实生活，互相学习，互相交流，互相帮助，共同提高。克服"趋势""自私"等为了某种目的而结交朋友，否则，将不利于学习、进步和发展。

二是交友原则，志同道合。交友要找志同道合的人，有正能量的人，人们都看不起那些"今朝有酒今朝醉，明日无酒明日散"的酒肉朋友。因此不要结交消极悲观、没有正事不靠谱、整天吃吃喝喝、无事生非的人，否则将受其影响走向歧途。

三是交友数量，宜精勿多。和朋友建立深厚的友谊需要各种努力，首先是需要时间和精力的投入，需要互相了解，互相沟通。其次是需要不断地付出，互相关心，互相帮助，悉心栽培。因此交朋友宜精不宜多，过多就缺乏时间和精力的投入，就缺乏互相关注，甚至缺乏了解，因此滥交朋友就缺少真正的朋友，不能建立深厚的友谊。

四是服务朋友，成就自己。成功的人把帮助别人当作一种习惯。只有乐于助人的人，才会有别人帮助他。要记住一句话："一个人之所以成功，是因为他服务的人数比较多。"一个人想要成功，就一定要服务更多的人。因此，同学们首先从自己身边的朋友开始，对需要帮助的人一定要主动帮助，真心实意。当然在帮助别人的时候，通过不断地付出，也会增加人生的快乐，增加成就感。

亲爱的同学，现在你知道如何交友了吗？知道什么样的朋友才是真正的朋友了吗？一定要交有正能量的志同道合的真正朋友，杜绝滥交消极悲观的酒肉"朋友"。

第四章

丰富思维智慧

你的思维层次，决定了你能走多远。

思维层次的差别就是高度之差，而高度之差带来的是全方位的差异。

辩证地看待事情和问题

——培养辩证思维能力

亲爱的同学，当你遇到困难或难以解决的问题时，你能看到不利的一面，又能看到有利的一面吗？比如说秦始皇，既要看到他是个暴君，焚书坑儒，修建阿房宫，穷奢极欲，又要看到他是一个于历史有功之人，是一个了不起的君王，他一统天下，促进了各民族的融合等这些好的一面。所以，同学们要辩证地看问题，就是想某件事时，你既要看到它好的一面，同时也要看到它不好的一面。请看下面的两个小故事，学学如何辩证地看问题。

💡 故事一：向赤脚的非洲人卖鞋

两个欧洲人到非洲推销皮鞋，由于天气炎热，非洲人向来都打赤脚，从不穿鞋。第一个推销员去了一看，失望了，说："这些人从不穿鞋，谁还买我的鞋？"于是，垂头丧气地回去了。另一个推销员去了一看，他高兴了，说："非洲人都打赤脚，这个市场可大呀！"于是想方设法搞宣传、做广告，引导人们买鞋，结果成功了，大发其财。

💡 故事二：把木梳卖给和尚

有一家效益相当好的大公司，决定进一步扩大经营规模，高薪招聘营销人员。广告一打出来，报名者云集。

面对众多应聘者，公司招聘工作的负责人出了一道实践性的试题，就是想办法把木梳尽量多地卖给和尚。绝大多数应聘者感到困惑不解，出家人剃度为僧，要木梳何用？岂不是拿人开涮？应聘者拂袖而去。最后只剩下3人：小伊、小石和小钱。

招聘工作的负责人对剩下的这3个应聘者约定10日为限。

10日后，负责人问小伊："卖出多少？"答："一把。""怎么卖的？"小伊讲述了历尽的辛苦，以及受到众和尚的责骂和追打的委屈。好在下山途中遇到一个小和尚一边晒着太阳，一边使劲挠着又脏又厚的头皮。小伊灵机一动，赶忙递上了木梳，小和尚用后满心欢喜，于是买下一把。

负责人又问小石："卖出多少？"答："10把。""怎么卖的？"小石说他去了一座名山古寺。由于山高风大，进香者的头发都被吹乱了。小石找到了寺院的住持说："蓬头垢面是对佛的不敬。应在每座庙的香案前放把木梳，供善男信女梳理鬓发。"住持采纳了小石的建议。那山共有10座庙，于是买下10把木梳。

负责人又问小钱："卖出多少？"答："1000把。"负责人惊问："怎么卖的？"小钱说他到了一个颇具盛名、香火极旺的深山宝刹，朝圣者如云，施主络绎不绝。小钱对住持说："凡来进香朝拜者，多有一颗虔诚之心，宝刹应有所回赠，以做纪念，保佑其平安吉祥，鼓励其多做善事。我有一批木梳，您的书法超群，可先刻上'积善梳'三个字，然后便可做赠品。"住持大喜，立即买下1000把木梳。并请小钱小住几天，共同出席了首次赠送"积善梳"的仪式。得到"积善梳"的施主与香客，很是高兴，一传十，十传百，朝圣者更多，香火也更旺。住持还希望小钱再多卖一些不同档次的木梳，以便分层次地赠给各种类型的施主与香客。

就这样，小钱在看来没有木梳市场的地方开创出很有潜力的市场。

我们不难看出，同样一个问题，不同的思维方式所得到的结果不同，每一件事都有它的两面性，既要看到它有利的一面，也要看到不利的一面，这就是辩证地看问题。同样是非洲市场，同样面对赤着脚的非洲人，由于不同的心态和思维方式，一个人灰心失望，不战而败，而另一个人则满怀信心，大获全胜。同样是把木梳卖给和尚，有的人只看到了和尚本身不用木梳的不利的一面，而有的人却能看到如何利用和尚来推销木梳的有利的一面，因此结果大相径庭，这就是辩证思维所起的效果。

亲爱的同学，你看到辩证思维的好处了吗？请你在日常学习和生活中，多找找每件事、每个人的优点与缺点，多思考事情有利的一面是什么，不利的一面是什么，从而进行辩证思维训练，提高思维能力。

相反角度考虑问题

——培养逆向思维能力

亲爱的同学，你听说过司马光砸缸的故事吗？当有同伴掉进缸里时，司马光与别人的常规思维方式一样吗？其实司马光面对紧急险情，运用的是逆向思维，果断地用石头把缸砸破"让水离人"，而不是"救人离水"，这样救了小伙伴的性命。

什么是"逆向思维"呢？逆向思维实际上也就是人们常说的"倒过来想"。逆向是与正向比较而言的，正向是指常规的、公认的或习惯的想法与做法，逆向则恰恰相反，是对传统习惯和常识的反叛，是对常规的挑战，它能克服思维定式，破除经验和习惯造成的僵化模式，它会使人感觉新颖，喜出望外，别有所得。所以，从这个故事我们会发现对于某些问题，尤其是一些特殊问题，从结论往回推，倒过来思考，从求解回到已知条件，反过去想或许会使问题简单化，往往可以从"出奇"出发，而达到"制胜"的目的。在日常生活中，也有许多逆向思维的例子。请看以下四个小故事，体会逆向思维的作用。

 故事一：每天都愁眉苦脸的母亲

一位母亲有两个儿子，大儿子开染布作坊，小儿子做雨伞生意。每天这位母亲都愁眉苦脸，天下雨了怕大儿子染的布没法晒干，天晴了又怕小儿子做的伞没有人买。一位邻居开导她，叫她反过来想：雨天，小儿子的伞生意做得红火；晴天，大儿子染的布很快就能晒干。这位老母亲终于眉开眼笑，活力再现。这就是用逆向思维来考虑问题的不同结果。

 ## 故事二：效果不同的牌子

法国著名女高音歌唱家玛·迪梅普莱有一个美丽的林园。每到周末，总会有人到她的林园摘花、拾蘑菇，有的甚至搭起帐篷，在草地上野餐，弄得林园一片狼藉，肮脏不堪。

管家曾让人在林园四周扎上篱笆，并竖起"私人林园禁止入内"的木牌，但均无济于事，林园依然不断遭践踏、破坏。于是，管家只得向主人请示。

迪梅普莱听了管家的汇报后，让管家做了一个大牌子立在各个路口，上面醒目地写明："如果在林中被毒蛇咬伤，最近的医院距此 15 公里，驾车约半小时即可到达。"从此，再也没有人闯入她的林园。

故事三：为了隐蔽而用的 140 台大探照灯

第二次世界大战后期，在攻打柏林的战役中，一天晚上，苏军必须向德军发起进攻。可那天夜里天上偏偏有星星，大部队出击很难做到保持高度隐蔽而不被敌人察觉。苏军元帅朱可夫思索了许久，猛然想到并做出决定：把全军所有的大型探照灯都集中起来。在向德军发起进攻的那天晚上，苏军的 140 台大探照灯同时射向德军阵地，极强的亮光把隐蔽在防御工事里的德军照得睁不开眼，什么也看不见，只有挨打而无法还击，苏军很快突破了德军的防线获得胜利。

故事四：只带来两个大人的孩子

有一家人决定搬进城里，于是去找房子。全家三口，夫妻两个和一个 5 岁的孩子。他们跑了一天，直到傍晚，才好不容易看到一张公寓出租的广告。

他们赶紧跑去，房子出乎意料的好。于是，就前去敲门询问。这时，温和的房东出来，对这三位客人从上到下地打量了一番。丈夫鼓起勇气问道："这房屋出租吗?"房东遗憾地说："啊，实在对不起，我们公寓不招有孩子的住户。"

丈夫和妻子听了，一时不知如何是好，于是，他们默默地走开了。

那5岁的孩子，把事情的经过从头至尾都看在眼里。那可爱的心灵在想：真的就没办法了？他那红叶般的小手，又去敲房东的大门。

这时，丈夫和妻子已走出5米来远，都回头望着。

门开了，房东又出来了。这孩子精神抖擞地说："老爷爷，这个房子我租了。我没有孩子，我只带来两个大人。"

房东听了之后，高声笑了起来，决定把房子租给他们住。

通过以上事例，我们可以总结出逆向思维的几大优势：

一是在日常生活中，常规思维难以解决的问题，通过逆向思维却可能轻松破解。

二是逆向思维会使你独辟蹊径，在别人没有注意到的地方有所发现，有所建树，从而制胜于出人意料。

三是逆向思维会使你在多种解决问题的方法中获得最佳方法和途径。

四是生活中自觉运用逆向思维，会将复杂问题简单化，从而使办事效率和效果成倍提高。逆向思维最宝贵的价值，是它对人们认识的挑战，是对事物认识的不断深化，并由此而产生"原子弹爆炸"般的威力。逆向思维可以创造出意想不到的人间奇迹。

因此，我们应该自觉地运用逆向思维方法，使我们学习、生活与工作，充满活力、展现光彩！那么如何进行逆向思维训练呢?

一是就事物依存的条件逆向思考，如小孩掉进水里，把人从水中救起，是使人脱离水，司马光救人是打破缸，使水脱离人，这就是逆向思维。

二是事物发展的过程逆向思考，如人上楼梯是人走路，而电梯是路走，人不动。

三是就事物的位置逆向思考，如开展"假如我是某某"活动。

四是就事物的结果逆向思考。

亲爱的同学，不错吧，一定要注意加强训练呀！

多角度、多方法思考问题

——培养发散思维能力

亲爱的同学，当你在解题时一种方法不能解决时，你会怎么办呢？当你在生活中遇到困难感觉"山重水复疑无路"时，你会不会垂头丧气呢？其实，天无绝人之路，我们可以多角度、多方法地去考虑解决问题的方法和途径，也就是实施发散思维的方法。

发散思维，又称辐射思维、放射思维、扩散思维或求异思维，是指大脑在思考时呈现的一种扩散状态的思维模式，它表现为思维视野广阔，思维呈现出多维发散状，所得到的答案也是多个的，其中有相同类型的答案，也有一些独创性的答案。这种独创性的答案正是人的创新思维的本质体现，也就是发散思维最终要得到的思维结果。如"一题多解""一事多写""一物多用"等方式。

发散性思维的好坏，标志着一个人智力水平的高低。因此，培养和锻炼自己的发散性思维的能力，就是提高自己智力的过程。只有坚持进行发散思维的训练，才能变得越来越聪明，思维的独创性才会越来越强。请看这两个小故事，体会发散思维的重要性。

 故事一：曲别针的用途

1983 年，我国在广西壮族自治区南宁市召开了我国"创造学会"

第一次学术研讨会。这次会议集中了全国许多在科学、技术、艺术等方面众多的杰出人才。为扩大与会者的创造视野，也聘请了国外某些著名的专家、学者。

其中有日本的村上幸雄先生。在会议中村上幸雄先生为与会者讲学，他讲了三个半天，讲得很新奇，很有魅力，也深受大家的欢迎。其间，村上幸雄先生拿出一把曲别针，请大家动动脑筋，打破框框，想想曲别针都有什么用途？比一比看谁的发散性思维好。会场一片哗然，七嘴八舌，议论纷纷。有的说可以别胸卡、挂日历、别文件，有的说可以挂窗帘、钉书本，大约说出了二十余种，大家问村上幸雄："你能说出多少种？"村上幸雄轻轻地伸出三个指头。

有人问："是三十种吗？"他摇摇头，"是三百种吗？"他仍然摇头，他说："是三千种。"大家都异常惊讶，心里说："这日本人果真聪明。"然而就在此时，坐在台下的著名中国魔球理论的创始人许国泰先生心里一阵紧缩，他想，我们中华民族在历史上就是以高智力著称世界的民族，我们的发散性思维绝不会比日本人差。于是他给村上幸雄写了个条子说："幸雄先生，对于曲别针的用途我可以说出三千种、三万种。"幸雄十分震惊，大家也都不相信。

许先生说："幸雄所说曲别针的用途我可以简单地用四个字加以概括，即钩、挂、别、联。我认为远远不止这些。接着他把曲别针分解为铁质、重量、长度、截面、弹性、韧性、硬度、银白色等十个要素，用一条直线连起来形成信息的栏轴，然后把要动用的曲别针的各种要素用直线连成信息标的竖轴。再把两条轴相交垂直延伸，形成一个信息反应场，将两条轴上的信息依次'相乘'，达到信息交合……"

于是曲别针的用途就无穷无尽了。例如可加硫酸可制氢气，可加工成弹簧、做成外文字母、做成数学符号进行四则运算等，为中国人民在大会上创出了奇迹，使许多外国人十分惊讶！

这个故事告诉我们发散性思维对于一个人的智力、创造力多么重要。

故事二：聪明的老花工

某大学的一个研究室曾接受一家工厂的委托——弄清一台进口机器

的内部结构，可是却没有任何有关的图纸资料可以查阅。这台机器里有一个由100根弯管组成的密封部分，要弄清其中每一根弯管各自的入口和出口，是一件相当困难和麻烦的事。研究室负责人找来了一些有关人员。他提出，完成这一重要任务，时间既不能拖得很久，花钱又不能太多。他希望大家广开思路，从多方面去想，不管是洋措施还是土办法，一定要想出来有效办法。

参与此事的人纷纷开动脑筋，先后提出了分别往每根弯管内灌水，以及用光照射等多种方法。大家提出的办法虽然都是可行的，但都很麻烦，要花费很大代价。后来这所学校的一个老花工提出，只需要两只粉笔和几只香烟就可以了。他让一个人点燃香烟，大大的吸一口，然后对着一根管子往里喷。喷的时候在入口处标上记号。这时让另一个人站在管子另一头，见烟从哪一个管子的出口冒出来，也标上相应记号。这样100跟弯管，不到两个小时便弄清了。这个巧妙的办法，是参与此事者一起从不同的方向去想，最后所获得的结果。

可见发散性思维的重要性。那么怎样培养自己的发散性思维呢？

首先要了解发散思维自身的一些特点，在发散思维训练的过程中要顺应其本身的特点：

一是发散思维具有流畅性的特点。流畅性就是观念的自由发挥，指在尽可能短的时间内生成并表达出尽可能多的思维观念，以及较快地适应、消化新的思想概念。流畅性反映的是发散思维的速度和数量特征。

二是发散思维具有变通性的特点。变通性就是克服人们头脑中某种自己设置的僵化的思维框架，按照某一新的方向来思索问题的过程。变通性需要借助横向类比、跨域转化、触类旁通，使发散思维沿着不同的方面和方向扩散，表现出极其丰富的多样性和多面性。

三是发散思维具有独特性的特点。独特性指人们在发散思维中做出不同寻常的异于他人的新奇反应的能力。独特性是发散思维的最高目标。

四是发散思维具有多感官性的特点。发散性思维不仅运用视觉思维和听觉思维，而且也充分利用其他感官接收信息并进行加工。发散思维还与情感有密切关系。如果思维者能够想办法激发兴趣，产生激情，把信息情绪化，赋予信息以感情色彩，这就会提高发散思维的速度与效果。

其次就是要勤于实践，注意有意识地训练自己，使自己的思维异常活跃。平时可以设计一些问题，如"一张纸有哪些用途？""一块砖有哪些用途？""要到某一个地方去有多少条路可走？"等等。每当遇到问题时都要运用多方法，从多方位、多角度思考尽可能多的答案，不断地培养发散思维方式和能力。

亲爱的同学，你现在明白如何进行发散思维训练了吗？一定要多努力呀！

换一种思维生存

——培养创新思维能力

亲爱的同学，当你对某些问题一直困惑不解，找不到答案时，你是怎么处理的呢？是沿着一种思路一直思考下去，还是另想办法呢？

法国著名科学家法伯发现了一种很有趣的虫子，这种虫子有一种"跟随者"的习性，它们外出觅食或者玩耍，都会跟随在另一只同类的后面，而从来不敢换一种思维方式，另寻出路。发现这种虫了后，法伯做了一个实验，他花费了很长时间捉了许多这种虫子，然后把它们一只只首尾相连放在了一个花盆周围，在离花盆不远处放置了一些这种虫子很爱吃的食物。一个小时之后，法伯前去观察，发现虫子一只只不知疲倦地在围绕着花盆转圈。一天之后，法伯再去观察，发现虫子们仍然在一只紧接一只地围绕着花盆疲于奔命。七天之后，法伯去看，发现所有的虫子已经一只只首尾相连地累死在了花盆周围。

后来，法伯在他的实验笔记中写道：这些虫子死不足惜，如果它们中的一只能够越出雷池半步，换一种思维方式，就能找到自己喜欢吃的食物，命运也会迥然不同，最起码不会饿死在离食物不远的地方。其实，该换一种思维方式生存的不仅仅是虫子，还有比它们高级得多的人类。请看这几个小故事，体会其中的奥妙。

故事一：一位被聘用的经理

一个非常著名的公司要招聘一名业务经理，丰厚的薪水和各项福利待遇吸引了数百名求职者前来应聘，经过一番初试和复试，结果，一个其貌不扬的求职者被留用下来，总裁问这名求职者："知道你为什么会被留用吗？"这名求职者老实地回答："不清楚。"总裁说："其实，你不是这10名求职者中最优秀的。他们做了充分的准备，比如时髦的服装、娴熟的面试技巧，但都不像你所做的准备这样务实。你用了一种超常规的方式，对本公司产品的市场情况及别家公司同类产品的情况做了深入的调查与分析，并提交了一份市场调查报告。你没被本公司聘用之前，就做了这么多工作，不用你又用谁呢？"

故事二：一物二用的导游手帕

在日本东京，"夫妻店"随处可见，它们就像小小的虾子一样，生机盎然。它们的存在往往都有着自己极不平常的经营妙方。

有一家专卖手帕的"夫妻老店"，由于超市的手帕品种多，花色新，他们竞争不赢，生意日趋清淡，眼看经营了几十年的老店就要关门了，他们在焦虑中度日如年。

一天，丈夫坐在小店里漠然地注视着过往行人，面对那些穿着娇艳的旅游者，忽然灵感飞来，他不禁忘乎所以地叫出来，把老伴吓了一跳，以为他急疯了，正要上前安慰，只听他念念有词地说："导游图，印导游图。""改行？"妻子惊讶地问。"不，手帕上可以印花、印鸟、印水，为什么不能印上导游图呢？一物二用，一定会受游客们的青睐！"老伴听了，恍然大悟，连连称是。

于是，这对老夫妻立即向厂家订制一批印有东京交通图及有关风景区导游的手帕，并且广为宣传。这个点子果然灵验，销路大开。他们的夫妻店绝处逢生，财运亨通起来。

世上的事情有时就这么简单得让人难以置信。如果你墨守成规，等待你的只有失败；相反，如果你稍微动一下脑筋，对传统的思维方式进行一下创新，就能获得成功。

 故事三：起死回生的十二个字

在北方的某个城市里，一家海洋馆开张了，50元一张的门票，令那些想去参观的人望而却步。海洋馆开馆一年，简直门可罗雀。

最后，急于用钱的投资商以"跳楼价"把海洋馆脱手，洒泪回了南方。新主人入主海洋馆后，在电视和报纸上打广告，征求能使海洋馆起死回生的金点子。

一天，一个女教师来到海洋馆，她对经理说她可以让海洋馆的生意好起来。按照她的做法，一个月后，来海洋馆参观的人天天爆满，这些人当中有三分之一是儿童，三分之二则是带着孩子的父母。三个月后，亏本的海洋馆开始盈利了。

海洋馆打出的广告内容很简单，只有12个字：儿童到海洋馆参观一律免费。这12个字，起了很好的效果。

创新思维是指以新颖独创的方法解决问题的思维过程，通过这种思维能突破常规思维的界限，以超常规甚至反常规的方法、视角去思考问题，提出与众不同的解决方案，从而产生新颖的、独到的思维成果。

创新思维是思维的高级形态，凡是能想出新点子、创造出新事物、发现新路子的思维都属于创新思维。一切需要创新的活动都离不开思考，离不开创新思维，可以说，创新思维是一切创新活动的开始。

亲爱的同学，在日常学习和生活中，一定要对一些常见的事情或问题，多思考有没有更好的解决方法和思路，看怎样才能把事情做得更好。换一种思维方式，一定会给你带来意想不到的惊喜。

第四章 丰富思维智慧

跳出平面思考

——培养立体思维能力

亲爱的同学，你是否有遇到难题，总是想不出好办法来解决的感受呢？你还记得"草船借箭"的故事吗？你知道诸葛亮是怎么想出来的吗？

遇到难题，没有好办法，那是因为我们的思路单一化、扁平化，也就是我们常说的"钻进了牛角尖"。思维总是在某个小范围内徘徊打转。那么我们应该怎么办呢？这时需要我们对自己的思路进行调整，通过转换思考对象、转换方向、转换条件等方式，将思维转换到不同的"频道"，开辟出全新的思考空间。智者之所以思路开阔就是因为他们善于运用这种"转换"思路的方法。下面我们通过这两个问题来体会其中的奥妙。

问题一：诸葛亮的"草船借箭"是怎么想出来的

周瑜十分妒忌诸葛亮的才干。一天周瑜提出让诸葛亮赶制 10 万支箭。诸葛亮答应三天造好，并立下了军令状。诸葛亮事后请鲁肃帮他借船、军士和草把子。前两天，不见诸葛亮有什么动静！直到第三天，诸葛亮请鲁肃一起去取箭。

这天，大雾漫天，对面看不清人。天还不亮，诸葛亮下令开船，船队已接近曹操的水寨时，诸葛亮又教士兵将船只头西尾东一字摆开，横于曹军寨前并让军士擂鼓呐喊。曹操听到鼓声和呐喊声，就下令说："江上雾很大，敌人忽然来攻，我们看不清虚实，不要轻易出动。只叫弓箭手朝他们射箭，不让他们近前。"一万多名弓箭手一齐朝江中放箭，箭好像下雨一样。等到日出雾散之时，船上的全部草把密密麻麻地排满了箭支。诸葛亮下令回师，10万支箭"借"到了手。周瑜得知借箭的经过后长叹一声：我真不如他！

"草船借箭"的妙计是如何想出来的呢？我们来剖析一下诸葛亮的思路：

军中缺箭，诸葛亮早就看在眼里，并且冥思苦想。当前的问题是如何短时间内造出10万支以上的箭呢？增加人手行不行？加班加点行不行……如果沿着这条思路想下去，就是"钻进了牛角尖"，很难有突破。短时间内，要造出足够的箭，可能性不大。

此时，诸葛亮将问题进行了转换，转换为"如何短时间内获取10万支箭"。"获取"的方式有很多种，可以造、可以买、可以换、可以借、可以骗、可以偷……也就是说不一定要自己造，可以从别人那里获取，这是一个重要的转换。

接下来的问题就是哪里有10万支以上的箭？环顾周边，只有敌人曹操军中有；其他的地方固然有，也是远水难解近渴。那么，如何将曹操军中的箭变成我们军中的箭呢？这是又一个重要的转换。

向曹操买？跟曹操换？向曹操借？曹操是不可能答应的。

也许可以骗来或偷来。

箭是用来射的，曹军把箭射向我们时，箭就属于我们了。

"曹军的箭什么时候会射给我们？"当然是打仗的时候。打仗只有两种情况：进攻与防守。

当曹军来进攻，我方疲于防守之时不可能去收集箭，那不现实。

"我方是否可以制造一次主动进攻（假的也行），让曹军将10万支箭射向我军，却又伤不到我军将士呢？"诸葛亮已经看到了一线曙光。

现在的问题已经转换为如何制造一次假进攻，吸引曹军向我军射箭？

此时，诸葛亮对近期天气进行了分析预测，料定三日后必有大雾可以利用。那时，可以借助迷雾天气，对曹军展开一次虚张声势的水上进攻。曹军由于不擅水战，又看不清战况，所以一定不敢出兵迎战，只能放箭自卫。到时候，只要收集好射来的箭带回来就大功告成了。

因为早已成竹在胸，所以在军事会议上，诸葛亮敢于立下"三天内造10万支箭"的军令状。

以上是思维转换的经典案例分析，可见，将一个"转"字用得精妙，自然能想出奇谋妙计来。

大家可以清楚地看到奇谋妙计是如何一步一步"转"出来的。"立体思维转换法"就是基于"转换"的技术发展而来的思维技巧。其实，这并不是高不可攀的神功，而是实实在在的思维技术，只要大家认真学习，不断实践，很快就能掌握它。

立体思维转换法简而言之，就是将难题转换成容易解决的问题，在现有思路受限时转换思路的思维技巧。

前面已经通过案例详细解释了"转换"的技术，那么立体思维是什么意思呢？立体思维又称空间思维，是一种反映对象整体及其与周围事物所构成立体联系的创造性思维方法。它要求人们跳出点线面的限制，有意识地从上下左右四面八方去考虑问题，让思维在立体空间中遨游。

问题二：请你在一块土地上种四棵树，如何使得任意两棵树的距离相等

这是一个思维训练的课题，将四棵树种成正方形、菱形、梯形、平行四边形……无论什么四边形都不可能使任意两点间距相等。

如果将其中一棵树可以种在山顶上（种在深谷里也行）！这样，只要其余三棵树与之构成正四面体，不就能符合题意要求了吗？

立体思维具有神奇的作用，充分地考虑了事物存在的空间，这样就可以大大提高空间的利用率。如仓库的堆货架、城市的立交桥、立体车库等合理地利用了空间，使有限的空间充分发挥了作用。这是从平面思维到立体思维的一种反映，但这仅仅是空间上的立体。而我们所说的"立体"指的不仅是"空间的立体"，而是指"思维的立体"。这个立体包含了所有思考的维度，如空间、时间、情感、记忆、逻辑……立体思维转换法就是要思考者在思考内容上、思维形式上、在时间上、在空间上……不断地转换、跳跃，唯有如此，才能随心所欲地驾驭思考力，从而获得巧妙的答案。它的技术核心在于打破事物的固有关系，先罗列出所有与问题相关联的元素，思维在不同的思维元素和思维形态之间自由转换，对所有元素进行全新排列、整合，以获得最优化的解决方案。

那么如何培养立体思维呢？

一是突破平面思维定式。思维有直线思维、平面思维和立体思维。而立体思维把思维活动从直线、平面转化到立体，为思维提供了更多的契机。关键是要善于突破点、线、面的框框限制，从垂直、侧向等多方向地拓展思维空间，让思维的视野更加开放，如问题二。

二是变单向为多向、变直线为曲线，如问题一。

总之，好思路来源于优秀的思考方法，要想拿出高人一筹、惊世骇俗的金点子，可以说万变不离一个字——"转"。所谓"转"，包含了转换、转变、转化、转接等诸多内涵，使思维从直线、平面转化到立体，为思维提供更多的契机。

亲爱的同学，你体会到其中的奥妙了吗？多思考呀！

第五章

提高学习效率

　　联合国教科文组织的官员富尔说："未来的文盲将不再是不识字的人，而是没有学会学习的人。"只有学会学习，掌握学习方法，才能提高学习效率。

掌握科学的学习方法

亲爱的同学，你现在学习成绩怎么样呢？你每天是怎样学习的呢？你对自己的学习效果满意吗？你有自己的一套学习方法吗？请看下面这个小故事。

 故事：要点金术的顽童

古代一位点石成金的"仙"人，他路上遇到一顽童，他当场把用手指点石而成的金块送与顽童，顽童不要。他又点远山为金山，顽童还是不要，仙人发闷："这愚童连金山都不要，何故？"便问顽童："你要什么呢？"顽童看了看仙人的手指说："我要你那点石成金的指头。"要点金术而不要金山是顽童的聪明之举。

当今时代是科学技术和知识爆炸的时代，知识更新日新月异，如何在有限的时间里，掌握更多的知识，取得更好的学习效果呢？最有效的办法是掌握一套科学的学习方法，联合国教科文组织的官员富尔说："未来的文盲将不再是不识字的人，而是没有学会学习的人。"现代的中学生，一定比古顽童更聪明，学习和掌握了科学的学习方法，可以说，利在当今，功于后世，终生受用。

有一位青年向爱因斯坦请教成功的秘诀，爱因斯坦顺手写了一个公式：$A=X+Y+Z$。然后爱因斯坦解释说：A 代表成功，X 代表勤奋工作，Y 代表正确的方法，Z 代表少说空话。这是爱因斯坦对自己科学生涯得出的著名结论。这充分说明，要想取得学习成功，勤奋是必要的，而投机取巧或只说不干，都绝无成功的希望，但仅靠勤奋刻苦是远远不够的，还必须有科学的学习方法。

一位社会学家，调查了几十位诺贝尔奖获得者，其中大多数人认为，掌握学习方法比掌握具体知识更重要，比如在平时学习中，最重要的是向老师学习怎样分析问题，怎样解决问题。

科学的学习方法在内容上，首先是掌握知识过程中基本环节的学习方法，如制定学习计划、课前预习、专心听讲、课后复习、独立作业、系统复习、考试技巧等方面的学习方法及其指导；其次是发展智能的学习方法，如思维能力、记忆能力、观察能力、阅读能力等方面的开发和指导；最后是学习品质锤炼和提高的学习方法，如对学习过程的认识、学习的指导思想、学习动机和学习兴趣等的培养。

科学的学习方法可以提高学习效率，少走弯路，学得快，学得好，减少学习负担，收到事半功倍的效果，受益终生。如果方法不科学，学得死，效果差，可以说，事倍功半。可见学习方法具有重要的作用。

因此，你在平时的学习中，一方面要以锲而不舍的毅力，克服学习中的各种困难，按计划和要求完成学习任务，不断提高学习成绩，总结一套适合自己的学习方法。另一方面也要虚心向教师请教。教师是中学生学习和发展的最好指导者，教师的专业基础比较扎实，专业技能比较高，都是具有丰富经验的。同时也要善于向其他学习好的同学虚心求教，交流学习经验，对照自己的学习状况，进一步提炼出自己的学习方法。

凡事预则立，不预则废

——学会预习

亲爱的同学，你知道为什么同样的年龄，坐在同样的教室，用同样的教材，听同一位老师讲同样的内容，而不同的人对新课的理解和吸收程度却有很大的差别呢？其原因就是不同的同学听课的起点和接受能力不同，有的同学课前做了充分的预习，对所学新课有了整体了解，对新课的内容是什么，重点是什么，难点在什么地方，做到了心中有数，自然胸有成竹。而另一部分同学课前不预习，上课匆忙打开书，对新课内容一无所知，听课处于盲目被动状态，自然有的地方听懂了，有的地方似懂非懂。

预习就是预先学习，是指学生在老师上课之前阅读教材及相关内容，自学有关新知识的学习过程，为新课学习做好必要的知识准备。要提高课堂听课效率，做好预习是关键的措施，它是学习成功的关键一步，是学习过程中一个必不可少的环节，对听课效果影响很大。一位优秀的中学生说："预习是合理的'抢跑'，一开始就'抢跑'领先，争取主动，当然容易取胜。"同时，通过预习可以提高自学能力，使自己学会学习，学会分析问题、解决问题。

有人说："如果把每堂课比作一次小小的战斗，那么课前充分预习就如同战斗前的秣马厉兵。"这充分说明预习在整个学习过程中的重要性。

对北京市 1000 名初一至高三学生的调查结果显示：重点学校有 25% 的学生、普通学校只有 17% 的学生能够达到预习的要求。也就是说，至少有 75% 的学生没有预习的习惯。究其原因，在于他们没有真正认识预习的好处。

一、预习在学习中的作用

1. 预习可以拓宽听课思路。课前经过预习，老师要讲的内容自然心中有数，容易跟上老师讲课的思路，甚至可以把老师讲的知识与其他相关知识联系在一起，进行对比，可以思考更多的思路和方法。

2. 预习可以提高课堂学习效率。预习时可以解决一些自己能理解的问题，而对自己不懂的内容做到心中有数，上课时认真听老师讲解。课前如果不预习，上课时匆忙打开课本，不知道一节课究竟要讲什么，一点心理准备都没有，更不知道里面的重点、难点，学习和听课处于盲目被动状态，一节课下来，有的听懂了，有的似懂非懂，甚至有的就是听天书，哪来的效率呢？只有课前做了充分预习，对新课有了大致了解，知道了哪是重点、哪是难点，哪些自己已经学会，哪些还需要认真听讲。这样上课的目的性更强，听课更具有针对性，上课的效率自然就提高了。

3. 预习可以提高自学能力。面对现在信息化和知识爆炸的时代，同学们要适应时代发展的需要，就必须有较高的自学能力。自学能力只有在自学活动中才能得到提高，在中学阶段独立做好预习就是培养和提高自学能力的重要方法之一。

二、怎样做好课前预习

预习可以分为课前预习、阶段预习和学期预习。课前预习就是初步学习下节课老师要讲的知识。这就需要复习、巩固与新知识相联系的概念、知识，找出要学习的知识和重点，以及自己不理解的难点，这是预习的重要内容。这就要求：第一，要阅读教材，了解教材中所要学习的主要内容，包括概念、原理、法则、规律、公式等，在不理解的地方做出标记，上课时针对这些问题认真听讲，如还不理解就进一步问老师，直到理解为止。第二，阅读完教材后，要通过做课后练习题来检查对教材的理解程度。第三，结合练习中出现的问题，利用参考资料，再次阅读教材，加深理解。第四，遇到已学过但还没有掌握的知识，要进行复习掌握。第五，做好预习笔记，预习时要对知识点、重点内容、难点内容进行记录，尤其是自己预习时，没有理解明白的内容要记录好，做到重点突出，层次分明。

三、养成良好习惯，提高预习效率

预习要养成良好的预习习惯，才能达到较好的预习效果，同时也要根据课程安排、学科特点、教师要求、自身情况灵活安排预习。

1. 灵活安排预习时间。要根据老师的教学进度、教材的难易程度、每天学习的整体安排，结合自己实际情况，充分利用空余时间进行预习，一般在 20 分钟左右，根据情况决定时间长短。

2. 预习要持之以恒。学习需要持之以恒，长期坚持才能不断进步，收到效果。预习更是一样，绝不是几天就能看到效果的。因此，不能预习几天，看不到进步就放弃了，必须持之以恒，不断深入并逐步发展，从课前预习到单元预习、学期预习，从浅层次到深层次，从而变被动学习为主动学习。

3. 预习中要防止两个极端。一是预习过粗，流于形式，达不到预习的目的。二是预习过细，以致上课没有什么可听的，造成课堂时间流失，让预习代替听课，反而不利于提高课堂效率。

4. 要在学习和预习中不断总结预习方法，从而提高预习效率。

5. 预习要有计划有安排，克服随意性，不能随便翻翻、马马虎虎、不动脑筋、不思考地预习。

同学们，你知道预习的作用和怎样预习了吗？如果以前没有预习的习惯，那就从现在开始做起吧！

珍惜每分每秒，提高课堂效率

——学会课堂上听课

亲爱的同学，你在课堂上是如何听课的？你认为你的课堂学习效率高吗？你知道怎样才能把握课堂每一分每一秒，提高课堂 45 分钟的学习效率吗？

一、认识课堂学习的特点

首先要了解课堂学习的特点，以便提高课堂学习效率。

1. 课堂学习是一种集体学习形式。课堂是几十名学生集体在老师的指导下，共同听课，共同完成相同的学习任务的过程。由于几十名学生的知识基础、认识水平、学习态度等方面各不相同，以至于老师采用同一方法，而不同的学生学习效果各不相同，会出现"吃不饱"或"吃不消"的现象。因此每个学生都要做好预习新课，弥补知识的不足，以提高学习效率。

2. 课堂学习时间长。中学生在校 80% 的时间都是在课堂上度过的，初中生三年有五六千节课，每堂课 45 分钟，这个数字也是非常惊人的。课堂时间也是每天最宝贵的时间段，提高课堂学习效率，有效利用这些黄金时间，可以说收获是巨大的。如果学习不得法，上课分心，精力不集中，日积月累，必然造成学习成绩落后。

3. 课堂学习具有计划性。课堂学习不同于其他学习形式，是在老师指导下在规定的时间内，分科进行连续学习的一种学习形式。课堂学习内容丰富，学生所学的每一学科、每一单元、每一节课，在知识、技能和能力上都有明确的目标和要求。

4. 课堂学习效率高。课堂学习是以学习书本知识为主的，学生要在有限的时间内摄取和储存人类几千年积累的大量知识，就需要把前人积累的经验逐步转化为自己的经验。例如化学家用40年的时间研究和发现了元素周期律，而中学生只用几节课，就能掌握元素性质呈现的周期性变化这一规律。

同时在课堂学习中，老师都是经过专门训练的、具有扎实的专业知识、懂得教学规律的教学组织者，并且经过充分备课准备、合理地安排时间、精心设计教学方法，又借助于现代化的教学手段和丰富的语言把知识巧妙地传授给学生。因此教师指导下的课堂学习效率是比较高的。

二、 提高课堂学习效率的意义重大

课堂是学习的主要场所。课堂学习是掌握知识的主要过程，课堂上不仅可以学到老师讲解的知识，而且更重要的是学到老师分析问题、解决问题的方法，并且通过课堂练习，对学到的知识加以巩固。因此，课堂学习对提高学习成绩起着关键作用。同时通过课堂上培养观察力、思维力、记忆力、想象力等，促进智力的发展。

每节课45分钟，对所有同学是一样的、公平的。但在同一个班级，由相同的老师讲课，而学生的成绩差异却较大，原因之一就是成绩差的同学不能充分利用45分钟，不会听课，造成课堂学习的效率不高。因此要想取得较好的学习成绩，必须充分利用课堂上的每一分钟，提高课堂学习和听课的效率。这样既可以充分有效利用时间，又可以磨炼意志。

三、掌握听课技巧，提高课堂效率

1. 专心致志听课。俗话说，一心不可二用。在课堂上，要保持注意力高度集中，思想上不能"开小差"。尤其是老师讲课的时候，一定

要集中精力。不要东张西望，或神情恍惚。不要做一些小动作，与其他同学说话等。只有在课堂上排除一切干扰，克服一切不良习惯，全神贯注地听课，才能提高课堂学习效率。

2. 紧跟老师思路。听老师讲课时，眼睛要注视着老师的动作与表情，盯着老师的板书。思想上与老师保持一致，紧跟着老师的讲解和动作，边听、边思、边记，不能自己做自己的事，思考自己的问题。紧跟老师思路要注意老师讲课时的提示语，如"请注意""我再重复一遍""这个问题的关键是……"此类。注意老师在黑板上的推导过程，老师课堂上的提问等。

3. 抓住听课的关键。课堂上，一般情况下，老师讲的都要听。有时老师为了照顾所有的学生，采取不同的方法讲解不同层次的内容，这时候你要根据自己掌握的实际情况有选择地去听，即抓住自己需要的关键内容。老师讲解的关键内容主要有：（1）基本概念、基本原理、基本关系式等；（2）老师补充的重要内容；（3）老师重点指出的学生最容易混淆和出错的地方；（4）预习时没有完全弄明白的内容。因此同学们听课的时候一定要抓住关键地方、关键内容。

4. 积极思考，学思结合。孔子说："学而不思则罔，思而不学则殆。"由此可见，学习与思考的结合是非常重要的。那么同学们在课堂上如何做到学思结合呢？（1）同学们在听课时首先将自己预习时的理解与老师的讲解进行对比，对理解存在偏差的加以纠正，加深对知识的理解和记忆。（2）边学边问，多提"为什么""怎么样"，然后独立思考，寻求答案。（3）超前思考，学会归纳。上课不仅要跟着老师的思路，还要走到老师的思路前头，讲解思考。要从老师讲解的内容中总结要点，归纳整理，形成知识体系。（4）积极参加课堂讨论，既要认真听取其他同学的发言，又要积极思考，厘清总结的思路和观点。

5. 适应不同老师的讲课风格。不同的老师讲课的风格各不相同，有的语言幽默风趣，有的语言单调无味；有的口若悬河，有的言简意赅；有的逻辑严密，有的前后颠倒；……有的令人喜欢，有的难以接受。但你没有选择的余地，只有适应各种风格的老师，你才能提高学习成绩，提高自己的能力，否则只能影响自己的情绪，使自己的学习成绩逐渐下降。

6. 珍惜课堂上的"空隙"时间。课堂是学习的主要时间，因此要珍惜每节课的分分秒秒，切实提高课堂时间的利用效率。（1）充分利用老师安排的自主学习时间，阅读课本知识，讨论疑难问题，快速识记、强化训练等。（2）利用老师讲解的间隙（如板书、停顿），迅速回忆、记忆、思考、总结相关知识，以便消化吸收。（3）充分利用完成老师布置的任务后的时间，进行预习、复习、自己加深练习，归纳知识，珍惜每一分每一秒。

7. 做课堂学习的主人。课堂上，要提高学习效率，必须做课堂的主人，就是积极主动地参与到课堂全部学习中，不当旁观者，不能被动应付。不要让老师牵着走，一直处于被动状态，自然学习效率不高。

8. 带着问题听课。课前要认真预习教材，把不懂的问题记录下来，上课时听讲就有了针对性。对于自己不理解、不明白的问题，老师讲解时，就要更加认真去听、去思考。对于老师没有讲到的内容，自己要积极主动问老师。

9. 注意课堂小结和反思。（1）回顾和反思这一节课主要内容是什么？重点是什么？哪些内容确实学会了？哪些还不理解？（2）反思老师是如何分析问题、解决问题的，厘清老师的思维过程和思维方式。（3）归纳出本节课的知识要点，纳入自己头脑中的知识结构，形成知识体系。

10. 认真做好课堂笔记。俗话说，好脑瓜不如烂笔头。会听课的同学，一般都有记笔记的习惯。记课堂笔记能增强听课时的注意力，提高课堂学习效率，还有利于课后复习和完成课后作业。

怎么样？亲爱的同学，相信这些内容对于你们来说一定有用吧！希望能够帮助你们切实提高课堂效率，促进学习成绩的提高！

掌握笔记技巧，发挥笔记作用

——学会课堂上记笔记

亲爱的同学，上一节我们提到了课堂上要记笔记，你课堂上记笔记吗？你知道怎样记笔记吗？下面我们重点说一说课堂笔记。首先请看这个故事。

故事：一个尝到记好课堂笔记甜头的初中生

于强升入初中了，父母对他寄予了莫大的希望，特地把他从农村送到了城里的舅舅家，在舅舅家附近的一所重点中学就读，为此，家里花了一万多元给他交了入学赞助费。

于强本来就是头脑比较聪明的孩子，在农村上小学时，学习成绩一直排在班级前五名。但是到了城里后，他感到成绩渐渐不行了，因为怎么努力成绩总在中游以下。为此他自己也非常苦恼，舅舅也为他着急。一个星期天，舅舅在于强做完作业后找他谈心，准备鼓励鼓励他。舅舅问："小强啊，我看你的作业做得还挺好的，可为什么考试的时候，成绩就不理想呢？"小强无可奈何地回答："我原来在家里上学也是这样的，不知到这儿怎么就不行了。"舅舅拿过小强的作业检查了一遍，发现了几处错误，让小强对照课堂笔记自己纠正。没想到小强告诉舅舅说自己没做课堂笔记。舅舅吃惊地说："为什么没做课堂笔记？是存心偷懒，还是没有笔记本，还是其他什么原因？"于强委屈地告诉舅舅，他从来没有做过课堂笔记。过去在农村上学，爸爸妈妈没有说过，老师也没有要求过，所以自己根本就不会做课堂笔记。听了于强的话，舅舅终于明白了他学习上不去的原因，那就是不会科学地听课，没有充分发挥老师上课和自己听课的效能。

为此，舅舅专门为于强准备了几个精美的笔记本，并教他怎样认真听课，怎样把老师讲的要点、难点记在笔记本上，怎样整理笔记，怎样利用笔记等。

于强在舅舅的指导下开始了一种全新的学习方式。开始几天，他还有点不适应，但几个星期过后，就形成了习惯。这样他不仅听课时能够抓住要点，而且复习时也非常方便，学过的知识既有系统性又有条理性，比过去容易掌握得多了。

更为可喜的是，有了这种新的听课方式，于强的成绩果然进步很快，在初一年级的第二学期，他一跃上升到全班的前十名。

亲爱的同学，通过这个故事，你有什么启发呢？你知道记笔记的重要性了吗？

一、记课堂笔记的重要性

英国的爱默生说："笔记帮我们牢牢记住我们最记不住的，确实不该忘却的事情。"居里夫人说："听十遍不如看一遍，看十遍不如亲手做一遍。"可见记笔记是非常重要的。

而同学们之中，有的人认为记笔记很有必要，便于复习、查找知识要点，有的人认为记笔记可以帮助记忆，还有的人认为记笔记是对学习内容进行系统的归纳、总结，也有人为记笔记而记笔记，而那些轻视学习或不习惯记笔记的人则认为，记笔记太浪费时间。因为每个人对记笔记的观点不同，所以形成了因人而异的学习习惯。有的一点不记，有的一鳞半爪；有的只记提要，有的详细无遗；有的清清楚楚，有的马马虎虎；有的善于整理保存，有的随记随丢；有的科学，有的不科学。

其实记笔记在学习中起着重要作用。记笔记可以让我们集中注意力。记笔记哪怕是简单笔记，也可以促进思考、深入启迪思想，可以诱发思维。记笔记也可以加深理解，巩固记忆，也能积累知识。

二、课堂笔记应记的内容

记笔记是为了帮助自己更好地消化、吸收和巩固学到的知识，因此记笔记主要记以下几个方面的内容。

1. 课堂的重点、难点。课堂上老师板书到黑板上的、反复强调的知识，都是课堂的重点、难点。

2. 老师补充和总结归纳的内容。有些内容课本上没有，老师根据需要适当补充的相关知识，及老师把分散的知识归纳总结在一起的，若不记录，以后就无法复习。

3. 老师点出的学生最容易混淆和出错的地方。

4. 没有理解的内容。一方面是自己预习时没有理解的知识，老师讲解的要记录下来，另外是老师讲解时没有理解的尚未明白的内容，做好标记，以便课下进一步思考和请教。

5. 听课过程中的感想和感受。在听课时，有时候对新知识或老师讲解的内容产生独特的感受，要及时记录下来，非常必要。

三、做好课堂笔记的技巧

大多数同学对课堂笔记的形式、记什么、怎么记不太清楚。只有掌握记课堂笔记的技巧，才能有效地发挥课堂笔记的作用。

1. 根据学习目的记笔记。记笔记不是应付老师的要求，或者应付老师的检查，记笔记的一个目的就是提高你的学习效率，那么就必须有选择地记，有目的地记。对于那些自己已经理解和掌握的简单知识就没有必要记，而对于那些难点、疑点和自己不理解的知识一定要记下来，也没必要把老师讲的有用的、无用的东西全部记下来。笔记既不能过于详细，也不能过于简单，而要把一些提纲挈领的必不可少的内容记下来，就达到了标准。

2. 笔记可以记在笔记本上，也可以记在课本上。一般情况下课堂笔记都记在笔记本上，但是根据学科和学习的需要，也可以记在所学课文的知识点处、课文的天头地脚或字里行间，这样既简便又实用。

中学生走向成功路上的自助餐

3. 要注意记录老师的板书、板画、板图，记录老师有说服力的数据和主要事例，记录自己在听讲过程中对解决某个问题受到的思想启发。

4. 注意关键词和线索性语句。关键词是指在讲课内容中具有重要地位的词语。线索性语句是老师用来提示即将出现的重要信息的语句。如"下面这几个方面非常重要""主要问题是""容易混淆的地方是"等。听到这些语句，就要注意记录即将讲解的内容。

5. 课堂笔记要注意整理和补充。著名特级教师、上海市崇明区中学花京秋说："笔记本不应当仅仅成为上课的记录本，应当把笔记本变成一份经过提炼加工的复习资料。"因此课下要注意整理、补充，这也是把知识深化、简化和系统化的过程。

亲爱的同学，可见记笔记的重要性，我们一定要学会和做好笔记，以便我们提高学习成绩。

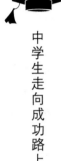

把握做题技巧，提高作业质量

——学会做作业

亲爱的同学，上完课后，你是自己主动完成老师布置的作业，还是在家长或老师的逼迫下被动完成呢？是独立完成，还是按别人的抄写呢？你知道做作业的好处吗？下面我们来学习如何做作业。

一、了解作业意义，提高思想认识

作业可以促进同学们对课堂所学知识的消化和巩固。虽然每次做作业的好坏并不完全代表学习的一切，但是作业的效率、习惯、完成质量等都是对审题能力、解题能力以及理解能力的反应，同时也是对学习态度和质量的最好证明与最有效的检查。但实际上，不少同学并没有真正认识到做作业的重要作用，而只是被动应付老师交给的"任务"，这样自然起不到作业的作用和意义。

二、掌握审题技巧，避免误解题意

在做作业之前，应力争做到把老师所讲的内容系统地看一遍，弄清楚这一节课所讲知识的来龙去脉、重点难点、知识的联系比较、典型例题的解题方法思路、解题突破口等，不要为做题而做题。数学家华罗庚在谈到年轻时候的学习经验时，认为充分复习课堂内容是做好作业的前提。

复习之后，做作业之前要认真审题，也就是要了解题意，弄清题中所给的条件与问题，明确题目的要求。

要审好题，首先应该在思想上重视审题，要认识到审好题的重要性。只有审好题，才能把题做正确。其次，要学会审题，审题是运用所学过的知识解决问题的开端。审题是通过分析，分清题目中的已知和未知，再通过综合，将这些已知和未知联系起来，在头脑中形成对题目的整体印象，通过联想，将解题需要的知识调动起来，用以解答问题。要正确地审题、解题，一方面要深入、透彻地理解、掌握知识，另一方面也要养成独立思考的良好习惯。

为了节省时间，不认真审题，看一遍就做，易犯的毛病有以下几点：

1. 不明题意，即不知道题目的要求是什么。

2. 曲解题意，就是自己理解的题意和题目本身的含义有差距。

3. 遗漏要素，审题时马虎，就会遗漏一些重要的要素，使运算或解答陷入绝境，而与正确解题相差甚远。

三、细心规范解题，提高做题效率

审题结束后，怎样做才能提高做题效果呢？

1. 做题规范，步骤清楚。各科作业的格式都有各自的规范要求，在做作业的时候，一定要注意这一点，不要认为平时没事，考试时再按要求去做就可以了，那就错了。只有平时养成良好习惯，考试时自然才能规范。因此，做作业时，一要注意格式正确；二要注意步骤简明、条理清楚；三要书写认真、工整。

2. 细心做题，熟练掌握。同学们在平时做题时一定要细心，不要马马虎虎，就像考试一样对待，争取一遍做对。并且，通过不断做题训练，提高自己的解题能力、解题技巧、解题速度，从而提高做题效率。

四、总结方法规律，提高解题能力

同学们，要提高自己的学习成绩，解题能力是关键，要提高解题能力，就需要掌握解题方法。

1. 深入学习典型例题。部分同学做作业往往停留在简单模仿上，如果题型稍微改变，就不知道怎么办了。现在升学考试的试题一般都是来源于书本，但都是经过变换，灵活处理的结果。因此，只单凭模仿是很难在考试中取得高分的。

为了能够吃透并灵活运用典型例题，在做作业之前必须深入研究例题，从本质上弄清。美国麻省理工学院物理教师赫伯特·林博士曾说过这样一段话："在学习每个典型例题或证明时，一定要达到自己理解为止。然后合上书，靠记忆来解题。如果你被难住了，对照书检查一下，然后等一会儿再做一遍。通过研究典型例题，不仅有助于你深入理解该例题所表明的概念和定律，而且一旦掌握了解解题过程的始末，在做作业时，你就会容易地解决比较难的题。"

2. 归类训练总结规律。学习时如果能够利用一定的时间集中钻研同一类型的题，并认真地总结做题的规律，你就会在短时间内取得较大的进步和学习效果。

3. 一题多解开拓思路。同学们在做作业时，要养成一题多解的思考习惯，每一道题都要从多角度去思考，尤其是理科的习题，要思考一题多解的方法，进行比较看哪种方法步骤更简洁，更易懂，这种方法就是举一反三。通过一题多解不仅能够牢固掌握和运用所学知识，提高解题能力，加快解题速度，而且可以培养创新思维、创新能力，对发展思维能力起着较好的作用。

4. 课内课外互相结合。课内作业一般只是巩固当天当堂所学的某个知识点，是最基础的内容，难度一般不大，但也不能不重视不做。课外作业是课内作业的延伸，一般是多个知识点的综合，考查各知识点的联系与区别，有一定的灵活性和难度，但不能畏难而退，必须迎难而上，想法解决。因此，同学们在学习时，必须将两者有机结合起来，才能不断提高学习成绩。

五、养成良好习惯，提高作业质量

1. 处理好作业的质与量。要牢固熟练地掌握知识，作业练习需要达到一定的量，没有一定量的练习，是难以实现的。只有练习达到一定的量，才能产生一定的感性认识。产生不了一定的感性认识，也就谈不上对规律的掌握。所谓的熟能生巧，就是通过多练习，很快地掌握规律。数学家杨乐在江苏南通中学读书时，初等数学题就做了一万道以上，获得了较系统较完整的数学知识。苏步青教授在学生时期曾经做过一万个微积分的题目，他认为要把知识真正学到手，"一定量的重复是很有必要的"。

在追求量的同时，不能忽视质的重要性，质较量更为重要。要边做题边总结，每做一道题都要思考这道题用了哪些知识点，是怎样分析的，解题的思路是什么，运用了什么解题方法，还可以用什么方法，如果把这个题的条件加以改变，又会得到什么结果等。这样既可以加深对知识的理解、巩固和记忆，更重要的是可以培养分析问题和解决问题的能力，也有利于掌握解题规律。心理学告诉我们，只有经过反复思索的东西才能记忆深刻，只有经过消化的东西才能"创造"出能力。如果只重视做题的量而忽视做题的质，就会事倍功半，达不到应有的效果。

2. 养成独立思考的习惯。在学习过程中遇到难题、不会的问题是非常正常的事，一般是由于自己对知识理解得不够深刻、全面和准确造成的。只有把自己不会的问题学会，才能起到巩固知识，提高能力的作用。关键是遇到难题后的态度和处理方法不同，造成学习进步的快慢不同。因此，当遇到自己不会的问题时，首先要反复阅读教材和笔记，认真思考领会，使自己对知识的理解达到融会贯通的程度，再去看问题能不能解决。如果经过自己的独立思考，还不能解决，再去请教老师或同学，与他们讨论、分析，看他们是怎样分析的，从而学会分析、解决问题的方法，这样就可以得到较大进步和提高。

3. 养成检查总结的习惯。你平时做完作业后，有检查的习惯吗？一般情况下，大部分同学做完之后根本没有心情去检查了。如果一名学生在上交作业之前，对自己做的作业心中没有底数，那他就不是一名出色的学生，同时成绩肯定受影响。

在做作业之前，首先要明确作业的基本要求：态度认真、字迹工整、卷面整洁、格式规范、独立完成、及时改正、按时上交。但在做题过程中，难免会出现一些漏洞和问题。

这个时候一定要认真检查自己做得是否正确，是否有其他问题。认真检查是一个查漏补缺的过程，平时能够提高做题的正确率，考试时能够增加得高分的机会。同时还有利于养成有错自觉改正的良好习惯和精益求精的学风，纠正那些草率行事、不负责任的态度，树立强烈的责任感。

检查要针对不同学科采取不同的方法。检查数学等理科作业时，主要是从审题开始逐步检查，看解题思路是否正确，解题过程是否出错；验算和重算，看结果是否一致；把计算结果代入公式或式子，看看是否正确。检查语文、英语等文科作业时，主要是重读，看有无错别字词、语句是否通顺、有无语法错误、用词是否恰当、答案是否全面等。另外，对老师批改后的作业，也要认真检查，对出错的地方，认真思考弥补，查找原因，找出解决问题的方法，就可以得到较大提高。

4. 养成纠错记录的习惯。俗话说"人不该在一个位置跌倒两次"，也就是说人应该及时吸取教训，及时分析失误的原因，及时改正，不在同一个问题上犯两次错误。但事实上，中学生由于年龄、知识基础、学习态度、学习方法、学习习惯、生活习惯等原因，在学习时往往一个错误一犯再犯，这样直接影响学习的进步和成绩的提高。

要避免类似错误的发生，经过多人实践总结，最有效的方法是建立各科的纠错本，把各科平时学习、测验、各种考试中出现错误题目的时间、地点、原因、错误答案、正确答案、解题过程等及时记录，总结整理成册，然后把这个"纠错本"上的题，重新再做，及时复习，思考研究，这样可以大大减少同一问题的错误，提高练习和作业的质量。

5. 养成及时完成的习惯。很多同学都为每天的作业头疼，并且老师布置后不能及时主动完成，而是被动拖拉，这样也直接影响作业的质量和学习效果。为了提高学习效率，同学们必须克服拖沓的坏毛病，养成及时主动完成作业的习惯。开始做作业之前，把没用的东西收拾干净，把有用的书本和文具准备到位。开始做作业之后，就要心平气和，专心致志，排除一切杂念和干扰，提高做作业的效率，从而及时完成。

亲爱的同学，你现在知道如何做作业了吗？只有注重和掌握做题技巧，才能提高作业质量，提高学习效率。

注重复习方法，提高学习效率

——学会复习

有的同学问老师："为什么课堂上你讲的都听懂了，可就是作业不会做，成绩不好，考试分数不高呢？"那现在老师反问你们："你平时学习中经常复习吗？你是怎样复习的呢？"有的同学认为不需要复习，有的同学认为做作业就是复习，或者说听老师讲完课做完作业就没事了。好，那你刚才问老师的问题答案其实就是不复习或不会复习的原因，而学过的知识则是需要不断复习才能真正掌握的。下面我们来看复习有哪些方法和技巧呢？

一、复习是提高学习效率的关键

复习是学习和考试中不可缺少的重要步骤，高效率的复习可以提高学习效率，促进学习成绩的提高。

1. 复习可以加深认识和理解那些遗忘、生疏的概念或知识点。我国古代大教育家孔子说："学而时习之。"这就是说要经常复习已经学过的东西，才能很好地巩固、运用所学知识，以增强记忆，加深理解。"温故而知新"，就是通过复习可以更准确地掌握原有知识，可以为新知识的学习和理解做更好的准备。

德国心理学家艾宾浩斯（H·Ebbinghaus）研究发现，遗忘在学习之

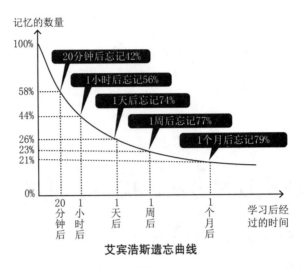

记忆的数量

100%

20分钟后忘记42%

58%

1小时后忘记56%

44%

1天后忘记74%

26%
23%
21%

1周后忘记77%

1个月后忘记79%

0%

20分钟后　1小时后　1天后　1周后　1个月后　学习后经过的时间

艾宾浩斯遗忘曲线

后立即开始，而且遗忘的进程并不是均匀的。最初遗忘速度很快，以后逐渐缓慢。他认为"保持和遗忘是时间的函数"，他用无意义音节（由若干音节字母组成、能够读出、但无内容意义即不是词的音节）作记忆材料，用节省法计算保持和遗忘的数量。并根据他的实验结果绘成描述遗忘进程的曲线，即著名的艾宾浩斯记忆遗忘曲线。所以对刚学过的知识必须要强化复习，以加强记忆。

2. 复习起着承上启下、承前启后的作用。通过对原有知识的复习，使掌握的知识更准确，从而为学习新知识做准备。

3. 复习不仅是强化记忆的过程，也是对所学知识反复归纳、提高的过程，可以更高层次地理解并较好地掌握所学知识，也为顺利完成作业和进一步学习新的知识提供保证。据调查统计，重点中学优秀生课后能及时复习的有 77.2%，而一般中学学生课后及时复习的仅有 25.3%，"有时候复习"的学生占 59.5%，还有 15.2%的学生"临考前才复习"。这项调查还指出，优秀学生普遍重视复习，他们是"每天有复习，每周有小结，每章有总结"。而成绩一般的学生往往不注意复习，有的同学连书都不看就忙于完成作业。

二、把握高效复习的技巧和关键

1. 制订计划，克服盲目。要想提高复习质量，必须有自己切实可行的复习计划，这样可以使复习目的明确、按部就班，合理利用时间。制定计划要结合自己的实际情况，不能照抄照搬别人的。复习计划要兼顾全面，既要注重自己的强项学科，也不能忽视自己的薄弱学科，只有这样才能提高自己的总成绩。根据大脑活动规律和记忆周期的规律，安排复习。考试之前，各科的复习具有系统性与针对性，要将老师的复习计划与自己的实际情况结合起来制订自己的复习计划。

2. 首次及时，趁热打铁。根据德国心理学家艾宾浩斯总结的遗忘规律（如下表），学习之后遗忘立即开始，而且遗忘的速度相当快。因此，首次复习一定要及时，趁热打铁，抓住记忆还比较清晰的关键时间进行巩固。

艾宾浩斯的遗忘规律

时间间隔	20分钟	1小时	8-9小时	1天	6天	31天
遗忘比例（%）	42	56	64	74	76.4	78.9

3. 间隔合理，多次复习。从上表遗忘规律可以看出随着时间的推移，遗忘速度逐渐减慢，针对"先快后慢"的规律，就要采取"先密后疏"的复习方法，来安排复习的间隔。同时许多东西都是在多次重复的复习中才能记忆牢固。茅以升83岁时还能够背诵圆周率小数点后面100位的准确数值。人们问他诀窍时，他说："很简单，重复，重复，再重复！"但为了克服简单重复引起的疲劳和厌烦情绪，重复复习时要变换角度，或通过练习、测验、问答、讨论等多种方式，达到举一反三的目的和效果。

4. 学科交叉，集中分散。为了提高复习效果，防止大脑疲劳，复习时要采取多学科、不同内容交叉进行，做到文理交叉，多科并举。并且注意将较长的材料和难点适当分散，对于复习材料较短，系统性较强以及考前的总复习采取集中复习仍有一定的好处。因此，要注意复习时的策略灵活。

5. 阅读材料，回忆反思。复习时，有时需要阅读课本、资料、笔记、作业等有关材料，但为了增强记忆效果，也要注意合上书，回忆反思哪些知识已经记住，已经理解，哪些知识已经忘记，哪些知识还没有理解，这样以便看书复习更有针对性。

三、了解和掌握复习的方法

1. 复述法。复习的方法很多，最常用的是复述法，就是在学习或阅读之后，合上课本，根据自己的理解，把要记忆的知识说一遍。在对知识理解之后，容易记住，但并不是全记住了，因此，还应当紧接着采取措施，形成记忆，这种方法就是适合我们同学课后及考试前的复习。注意，一定要说出声来。

2. 书签复习法。就是课后将当天所学的内容，总结出一些问题，将问题写在准备好的书签上，然后根据这些问题，自问自答。对于回答不上来的，再回头多读几遍，直至在不看书的情况下，用自己的语言，完整、准确、流畅地说出来。这是一种超级的复习方法。根据艾宾浩斯的遗忘曲线，人的遗忘速度先快后慢，因此复习要及时，不用花费更多的时间就能把所学的知识巩固住。

3. 抄写复习法。也就是抄写课文或公式定律定理，这也是一种切实可行、行之有效的方法，因为每个人的反应快慢不一样，所以就来个"笨鸟先飞"。

4. 浓缩复习法。就是在复习过程中，对阅读材料加以去粗取精、提炼浓缩，找出最重要、最有价值的内容加以反复推敲，精雕细刻，深入钻研的一种复习方法。

5. 联想复习法。是利用联想来增强记忆效果的方法。联想，就是当大脑接受某一刺激时，浮现出与该刺激有关的事物形象的心理过程。一般来说，互相接近的事物、相反的事物、相似的事物之间容易产生联想。联想又包括时间联想、空间联想、相似联想、对比联想、因果联想。

时间联想、空间联想，指两种以上事物，在时间或空间上，同时或接近，这样只要想起其中的一种就会想起另一种，由此再想其他。

相似联想，就是当一种事物和另一种事物相类似时，往往会从这一事物引起对另一事物的联想。

对比联想，就是当看到、听到或回忆起某一事物时，往往会想起和它相对的事物。

因果联想，就是由原因联想到结果，或根据结果联想到原因。

同学们在复习时要善于联想和总结，根据复习的内容将相似的、相近的、相反的以及有因果关系的联系起来，进行比较，找出相似之处或相反之处，以加强记忆，提高复习效率。

6. 反思复习法。简单地说就是对学过的知识进行总结思考，回忆哪些知识已经掌握，哪些知识还没有掌握、没有记住，哪些知识还不理解。然后对没有掌握、理解、记住的知识进行反复思考、记忆、训练。反思法没有固定的模式、不用固定的时间，随时随地都可以进行。尤其是晚上回忆和反思一天学过的知识，在头脑中形成知识的框架，以加深记忆。

亲爱的同学，复习的方法不只是这些，还有很多种，希望你多学习，多思考，多总结，根据自己的实际情况，根据复习的内容，采取灵活的方法，只有适合自己的才是最好的。

总结记忆方法，提高记忆效率

——学会记忆方法

亲爱的同学，你总结过记忆的方法和规律吗？你感觉自己的记忆效果怎么样呢？记忆是大脑智力活动最重要的一种方式，且它与我们的生命并存。正是有了记忆，我们才能不断积累经验，人类才能不断进步，对同学们来说才能有优秀的考试成绩，才能顺利实现我们的人生目标。下面我们一起来学习和总结一下记忆的规律与方法。

一、正确认识和理解记忆

许多同学都认为自己的记忆力不如别人，而且把这个当作成绩差的主要原因。其实，记忆力的好坏，先天遗传因素并不是决定因素，只要你注意学习和总结记忆的规律和方法，提高记忆效果是完全可能的。

同时也要认识到在学习中遗忘是正常的，关键是如何提高记忆的效率和方法，增强记忆的效果。只要你相信自己，用正确的记忆方法，科学地开发自己的记忆潜力，你的记忆力将会提高得更快。

二、掌握高效的记忆方法

目前有许多教育学家和心理学家探索人类记忆的奥秘，总结了一些科学的记忆方法。在学习过程中，要针对不同的学习内容、自己的特点，采取不同的记忆方法，从而达到最佳记忆效果。

1. 重复记忆法。重复记忆，是把所记忆的内容连续重复或间隔一定时间后再重复学习一次，经过多次重复，实现永久记忆。在前文提到的记忆遗忘曲线是根据复习次数、时间间隔、淡忘速度三者关系画出的一条记忆曲线。这条曲线可以说明两个问题：一是重复的次数越多，忘得越慢；二是遗忘的速度并不简单地与时间间隔成正比，而是先快后慢。关于后一点，德国著名记忆心理学家艾宾浩斯曾用记无意义音节的方法进行过研究。他发现，熟记之后仅过一个小时，就忘记了56%，两天后又忘记了16%，此后遗忘的速度就大幅度放慢，6天后虽然还有遗忘，但仅继续遗忘3%。

可见第一次复习应该及时，新学习的内容最好在12小时之内复习一下，抓住记忆还比较清楚、脑子中记忆的信息量还多的时候进行强化。第二次复习时间间隔可以稍长，比如两天。再往后，间隔可以更长，比如依次为一周、半月、一月、半年、一年。复习所用的时间也会依次缩短，甚至只要用眼或耳过一遍就行。复习就像打扫覆在记忆上的灰尘一样，灰尘很少时，一吹即掉，灰尘很多时，虽用水洗也难见本色。

2. 串联记忆法。串联记忆，是将所记忆的几项内容根据其各自的特征和相互联系串起来记忆。例如：（1）用串联法记忆实验室制氧步骤。实验室制取氧气的七个操作步骤为：检查装置气密性，装药品于试管中并塞塞子，将其固定在铁架台上，点燃酒精灯加热，排水法收集氧气，将导管移出水面，熄灭酒精灯。每一步骤用一个字缩记为：查、装、定、点、收、移、熄，可谐音串记作"制氧步骤一字记，茶庄定点收利息"。（2）用串联法记忆"战国七雄"。战国时期，齐、楚、燕、韩、赵、魏、秦七国，历史上称为"战国七雄"，可用串联加谐音法记作"七叔含烟找围巾"。

3. 系统记忆法。美国著名心理学家布鲁纳认为，人类记忆的首要问题在于组织，也就是说，你要对记忆的内容进行归纳、整理和概括，使之成为一个系统进行记忆，可以提高记忆效果。

第一，要对课本知识进行系统整理。同学们在学习过程中要对每门学科知识按照章节及时进行系统整理，将知识点明确、简化、浓缩，形成易于记忆的知识网络。

第二，纵向归纳，系统理解。依据教材的内容，打破章节的局限，把整个学科中相互关联的内容组织在一起，将这些内容作为一个整体系统复习。这个过程一方面结合老师的讲解和参考资料进行归纳，另一方面最好以自己归纳为主，这样结合自己学习和掌握的实际情况，符合自己的思维方式和习惯，更容易理解、记忆。这样经过系统整理，结成纵横交织的知识网络，记忆更坚实、稳固，形成自己的知识系统。

4. 形象记忆法。形象记忆法就是抓住记忆对象的形状、大小、体积、颜色、声音、气味、滋味、软硬、温度等具体形象和外貌进行记忆的方法，是将要记忆的内容视觉化、图形化、动态化的一种记忆方法。依据科学实验测试，人脑中记忆的内容，形象记忆竟然是抽象记忆的一千倍。因此在学习中要尽量将抽象的知识形象化去记忆。

第一，重视课本图表。如利用数学函数图像、统计图、几何图形；化学物质状态图、分子结构图，实验图；物理受力分析图、电路图、光照图；生物细胞结构图、人体模型图、动物植物模型图等，还有各种数据分析表、统计图等，这样可以增强记忆效果。

第二，构筑内心图景。在记忆一些文科知识时，要发挥想象，在内心构筑记忆内容所描绘的生动形象的图景。如记忆历史知识，可以和类似的电影、电视联系起来，记忆一些诗词可以把诗词中描绘的时间、地点、人物等场景想象成一些生动画面。各种知识都可以与日常生活实际相联系进行理解记忆，这样不仅可以提高记忆的效率，还可以感受到学习的乐趣，增强学习的积极性和主动性。

第三，将抽象的过程动态化。有些知识比较抽象，看不到、摸不着，就要将这些知识形象化、动态化。如把物理中的"电流"想象成"水流"，把化学反应中原子的电子得失想象成你争我夺的战争过程，将一些微观的看不到的想象成宏观的、看得见的、动态的。

5. 尝试回忆记忆法。这是一种经常运用的有效方法，即复习时按照一定的顺序或线索进行回忆课本目录、知识框架、重点字体、课堂笔记、作业中存在问题等。回忆中如有记不清的地方，打开课本、资料或笔记、作业看准，再记忆，直到记准为止。

6. 浓缩记忆法。浓缩记忆法关键在于寻找具有代表性的字或词，把这些代表性的字词连接成简练的语句，使记忆的知识像串珠一样被由点带线地回忆起来。如学习化学空气成分时，把空气成分记成"氮七八，氧二一，零点九四是稀气，还有两个点零三，二氧化碳和杂气"。这样很容易就记住了空气成分含量。

亲爱的同学，你现在了解和掌握记忆的方法了吗？这只是一部分，其实还有更多的方法期待着你不断总结、不断研究、不断进步。

掌握时间规律，发挥时间价值

——学会珍惜和利用时间

亲爱的同学，你知道哪些时间规律呢？你对每天的学习时间有安排吗？你认为你的学习时间安排得科学合理吗？科学合理安排时间可以发挥时间的最大价值，提高学习成绩，下面我们就来学习一下如何遵循时间规律，促进学习效率的提高。

一、掌握时间规律，科学安排时间

人脑活动的效率在一天内是有规律的，不同的时间具有不同的效能，只有掌握时间的规律，才能提高学习的效率。

1. 掌握用脑的时间规律。科学研究表明科学用脑的作息时间表：（1）6:00—8:00 头脑最为清晰，体力也很充沛，这是学习的黄金时段，是记忆的最佳时间，可安排难掌握的内容。例如，可以利用这段时间来背课文、记单词和记公式，效果会非常明显，而且记住的东西不容易忘掉。（2）8:00—9:00 人的耐力处于最佳状态，可安排难度大的攻坚内容。如记诵文言文。（3）9:00—11:00 短期记忆效果很好，进行突击记忆，学习可事半功倍。（4）13:00—14:00 这段时间是午休的最佳时间。午饭后容易感到疲劳，如果休息调整一下，可养精蓄锐，下午学习的效率会更高，不过午休时间不宜过长，半小时即可，不宜超过 1 小时。

（5）15:00 — 16:00 休息后精神状态较好，此时长期记忆效果最佳，可合理安排那些需"永久记忆"的东西。（6）17:00 — 18:00 这一阶段是头脑再度清醒的时刻，是进行复杂计算和有难度作业的好时间。（7）19:00 — 22:00 这一阶段是最安静的时刻，也是学习的好时段，可静下心来学习自认为比较难解决的问题。当然，在这个过程中，要给自己安排好休息时间，例如，每隔一小时休息十分钟。睡觉前把当天复习过的内容像过电影一样在脑子里面回忆一遍，对巩固和记忆知识是十分有利的。（8）晚上 10 点前最好上床去休息，不要熬夜，中午尽可能睡半小时到一小时午觉，年轻人一天至少要睡足八小时！

2. 避开"魔鬼时间带"。人在凌晨 2 点到 4 点这段时间，体温下降，人的生理活性减弱，大脑活动迟钝。据统计分娩和脉搏停跳，以及各种各样的事故在这一时间段最容易发生，这是昼夜节律的低谷，因此称为"魔鬼时间带"。所以学习无论如何都要避开这个时间。

亲爱的同学，在掌握了时间规律的情况下，要制定自己学习的时间计划，合理全面安排每天的作息时间。只有抓住每天中思维能力、活动能力最旺盛的高效时间，才能提高时间的利用效率，发挥时间的价值。

二、珍惜零星时间，巧妙化零为整

鲁迅说："时间就像海绵里的水，只要愿挤，总还是有的。挤时间就是珍惜零星时间。"请看下面这个小故事。

 故事：相邻两座山上的两个和尚

两个和尚住在相邻的两座山上的庙里。这两座山之间有一条溪，于是这两个和尚每天都会在同一时间下山去溪边挑水，久而久之他们便成了好朋友。

就这样，时间在每天挑水中不知不觉已经过了五年。突然有一天左边这座山的和尚没有下山挑水，右边那座山的和尚心想："他大概睡过头了。"便不以为意。

哪知道第二天左边这座山的和尚还是没有下山挑水，第三天也一样。过了一个星期还是一样，直到过了一个月，右边那座山的和尚终于受不了，他心想："我的朋友可能生病了，我要过去拜访他，看看能帮上什么忙。"

于是他便爬上了左边这座山，去探望他的老朋友。

等他到了左边这座山的庙，看到他的老友之后大吃一惊，因为他的老友正在庙前打太极拳，一点也不像一个月没喝水的人。他很好奇地问："你已经一个月没有下山挑水了，难道你可以不用喝水吗？"

左边这座山的和尚说："来来来，我带你去看。"

于是他带着右边那座山的和尚走到庙的后院，指着一口井说："这五年来，我每天做完功课后都会抽空挖这口井，即使有时很忙，能挖多少就算多少。如今终于让我挖出井水，我就不用再下山挑水，我可以有更多时间练我喜欢的太极拳。"

通过这个故事可以看出两个和尚管理时间的方法不同，同样是五年的时间，一个按照规定做事，另一个在完成规定事之外，还善于利用零星时间，积少成多，聚沙成塔，化零为整，最终挖了一口井，从根本上解放了自己。同学们在学习时，要利用零星时间，必须有勤奋吃苦的精神、顽强的意志和毅力，克服懒惰和随意性，才能化零为整，取得良好的学习效果。

三、克服不良习惯，提高学习效率

生命是有限的，因为组成生命的时间是有限的。在学习中，由于一部分同学没有养成良好的利用时间的习惯，不会科学合理安排时间，造成不断地浪费时间。

1. 时间分配不合理。因为人的思维在不同的时间段会出现不同的状态和效率。不掌握时间规律和生物钟的节律，以及不掌握遗忘的规律，就不能合理安排和分配时间，随意性强，自然造成学习效率低下。

2. 无故浪费时间。一些同学不珍惜时间，把时间浪费在无意义的事情上。如玩手机、打游戏、看电视、嚼泡泡糖、吃瓜子等不良习惯，可以说这是对时间的极大浪费。

3. 学习不专心，作风拖沓。有的同学学习时思想不集中，精力不专一，胡思乱想，摸摸这，拿拿那，有的同学拖拖拉拉，磨磨蹭蹭，紧张不起来，这些不良习惯都会造成较大的时间浪费，不利于学习效率的提高。

亲爱的同学，你现在是否对时间的利用有了新的认识呢？希望你多思考，多实践，多总结，从而提高时间的利用效率。

借助信息科技，促进高效学习

——学会利用信息科技学习

亲爱的同学，2020 年年初这场突如其来的新冠肺炎对人们的生活产生了很大的影响，它对你的生活和学习也一定产生了很大冲击。即使以前你没有或很少利用现代科技工具和网络进行学习的话，那么这一学期你肯定利用手机或计算机通过微信、钉钉等软件进行学习了吧！你感觉自己的线上学习效果怎么样呢？你利用手机或计算机除学习之外，还上网聊天、玩游戏吗？你上网是查阅资料，还是沉浸在网络游戏中呢？我们今天来正确认识和学习现代信息科技和网络对学习的作用和使用方法，从而促进我们学习和进步。

一、正确认识现代科技、信息技术的作用

现代科技的飞速发展和进步，带动了人们生活方式的飞跃发展与改变，尤其是互联网以强劲的势头把人们带进了网络时代、信息时代，给人们的生活带来了便利。如计算机、电视、手机等绝不仅是一种休闲娱乐和沟通交流的工具，还是一种工作和学习工具，这也给我们带来了学习方式的改变，尤其在 2020 年年后"超长版"的寒假表现得更加突出，真正改变了我们的学习方式。

借助现代科技和网络信息等手段，可以隔空学习，打破空间和时间

限制，为学习带来了极大方便。比如现在查询某一个问题，就不必到浩如烟海的资料里漫无目标地查询了，只需直接在网络的搜索引擎里直接输入关键字，点击搜索就可以很快查到，还更有甚者，很多学习内容如果不借助于现代科技手段，是不能完成的。

同时计算机、电视、手机、录音机、网络等这些现代科技和信息媒体，对学习来说都具有双刃剑的作用。中学生如果能够正确利用现代科技进步为学习带来的便利，可以有效促进学习效率和成绩的提高；相反，如果只是利用现代科技的娱乐作用，而沉溺其中不能自拔，就会影响学习的进步和提高。

同学们一定要正确认识和利用它们积极的一面，促进自己学习效率的提高。比如网络本身是中性的，它对人是产生积极作用还是消极作用，完全取决于上网者自身如何对待网络。好比一把铁锤，在工人和一般人手里它就是工作的一把工具，如果到了凶手歹徒手里就可以用来杀人。这和铁锤本身没有关系，而是由使用者所决定的。

因此，我们既不能无视它们的存在，不理不用，也不能把它当作洪水猛兽，不敢接触，更不能对它们随心所欲，在其中放纵自由。也就是说，我们既要正确认识、积极利用有利的方面，又要防止沉浸其中玩物丧志。尤其是同学们利用手机上网课学习，利用好可以受益终生，相反，利用不好受害一辈子。在 2020 年这个"超长版"寒假，同学们的学习成绩如何，可以说"成也手机，败也手机"。

二、利用手机随身听，可以进行听说训练

现代对学习语文、英语的要求越来越高，尤其是英语绝不是"哑巴英语"了，既要考查口语，也要考查听力。这样既要进行口语训练，又要进行听力训练，我们利用录音机、随身听或者电脑、手机的播放功能以听代读进行学习，并且随身携带方便，可以反复听反复练习，可以有效提高听说的水平和学习效率。

三、利用电视广播，接受外界信息

电视也是把双刃剑，可以让你变得聪明，也可以让你变得愚笨。关

键是你要能够正确利用电视的媒体作用，发挥电视的积极作用。比如我们看电视不要沉浸在较长的电视剧之中，而要从比较好的电视节目中学习相关的知识，从看电视新闻节目或听广播中掌握国内外的新闻信息，提高辨别是非、处理问题的能力。

四、利用网络资源，促进高效学习

当今时代信息日新月异，网络资源丰富无比。如果只是沿着课堂里老师讲、学生听、布置作业、做作业等为主的传统教学模式，学习效率、效果肯定还会受到限制。那么在这样的信息时代，作为一个 21 世纪的中学生，该如何利用网络促进自己的学习呢？

1. 利用网络搜索引擎，查找所需问题。搜索引擎是一个对互联网信息资源进行搜索整理和分类，并储存在网络数据库中供用户查询的系统。从使用者的角度看，在搜索框输入词语，通过浏览器提交给搜索引擎后，就会返回相关的信息列表。搜索引擎是一种查询工具，作为工具，使用者要了解搜索引擎的功用、性能，并掌握其使用方法和技巧。以下简要介绍排名靠前的几种搜索引擎：

第一名，毫无疑问是百度！百度是全球最大的中文搜索引擎、最大的中文网站。2000 年 1 月由李彦宏创立于北京中关村，致力于向人们提供"简单，可依赖"的信息获取方式。

第二名，就是称霸全球的谷歌了。Google（谷歌）是一家美国跨国科技企业，致力于互联网搜索、云计算、广告技术等领域，开发并提供大量基于互联网的产品与服务，其主要利润来自 AdWords 等广告服务。Google 由当时在斯坦福大学攻读理工博士的拉里·佩奇和谢尔盖·布林共同创建，因此两人也被称为"Google Guys"。

第三名，雅虎。雅虎是美国著名的互联网门户网站，也是 20 世纪末互联网奇迹的创造者之一。其服务包括搜索引擎、电邮、新闻等，业务遍及 24 个国家和地区，为全球超过 5 亿的独立用户提供多元化的网络服务。

第四名，搜狗。搜狗原是搜狐公司的旗下子公司，于 2004 年 8 月 3 日推出，目的是增强搜狐网的搜索技能，主要经营搜狐公司的搜索业务。

2. 选择学习网站，促进学习水平提高。网上有好多中学生学习的教育门户网站，一般这些平台资源都很丰富，要学会自我检索查询有用的信息。网站中有优秀老师的课堂讲解、有较好的练习题、复习题，还有学习方法的介绍，登录这些网站，选择自己所需内容，即可促进学习。

3. 利用微信、钉钉、QQ 等工具，交流学习情况。同学们在假期或星期天学习时，由于不能进行面对面沟通交流，可以利用微信、钉钉、QQ、电子邮件等网络工具，与老师、同学进行信息传递、作业上传、沟通交流，必要时也可以利用微信、钉钉、QQ 进行视频交流，还可以利用网上论坛、聊天室，进行网上交流，这同样可以促进学习。

五、严格行为规范，警惕网络危险

同学们，要正确利用这些科技资源和信息工具，必须严格要求自己的行为，严防负面效应发生。

1. 明确使用任务目的。有的同学之所以一上网就沉浸在网络或游戏中，占用大量时间，就是因为他没有明确而积极的学习任务和目的。因此每次利用电脑、手机要当作学习方式，必须明确本次学习的目的和任务、学习的要求，不要被其他无关的东西所吸引，在网络中迷失自我，一旦完成学习任务，达到学习目的即刻退出。

2. 严格控制使用时间。同学们在每次上网或使用手机等工具之前，一定要考虑本次学习所需时间，严格按照学习计划和要求去做，同时增强自律自控能力，严防沉溺于与学习无关的内容或游戏之中，浪费过多的时间和精力。

3. 注意警惕网络危险。根据现在网络的安全状况，同学们一定要注意网络上的危险，主要有色情信息、暴力和赌博性的网络游戏、各种网上行骗诱拐以及网上与陌生人聊天带来的危险，同时，长期沉迷网络会造成焦虑、失眠、强迫症和社交恐惧等病态。要清楚认识这些危险的存在，增强防范意识，在上网时要时刻提醒自己，自觉远离那些有害信息。

4. 遵循网络安全规则。上网或使用手机一定要有防范意识，不要透漏个人信息，如身份证号、银行账号、密码、个人照片以及父母的姓名、身份等，不要单独与网友见面，以免意外事情的发生，不要有任何侥幸心理和好奇心理，否则将遗憾终生，同时要严格要求自己，不传播谣言或不明情况的虚假信息以及反动言论等不健康信息，树立自己良好形象。

亲爱的同学，现在你是否对现代科技信息和网络有了一个全面而正确的认识呢？因此，希望你正确利用信息科技，促进学习进步，避免沉溺其中、玩物丧志和其他网络风险。

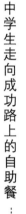

掌握考试技巧，提高考试成绩

——学会考试

自从开始上学，我想你已经经历了很多次考试，那你掌握了多少考试技巧呢？有没有考试中出现自己会的题目没有做完或者没有做正确的情况呢？有没有考场上发挥不好的感觉呢？

考试是对我们所学知识和在长年累月的刻苦学习中培养起来的能力的综合检验，在我们的一生中起着非常重要的作用。从小学到初中，我们遇到过无数次大大小小的考试，通过考试，我们可以展示自己的知识储备和能力素质。

考试的种类很多，小到单元测试、期中考试，大到期末考试、毕业考试、升学考试。尤其升学考试是选拔人才的主要方式，在一定程度上决定着每一位同学的前途和命运。因此考场也是战场，虽然没有硝烟，但同样需要全方位的武装，知识的、心态的、技巧的。也就是说，考试成绩不仅取决于对知识的掌握，也取决于考前的心理准备、考场上的心态以及考试技巧的发挥。考场心态好，发挥得好，熟练掌握考试技巧，能够提高考试成绩。相反，就可能达不到理想的考试成绩，不能准确反映自己的学习水平。那么怎样才能掌握考场技巧，发挥好自己的水平呢？

一、坚定信心，不畏惧考试

不少同学学习很用功，平时学习成绩也不错，就是考试考得不好，主要原因就是思想紧张，害怕考试，造成越怕越考不好。正确认识考试，考试就是对平时学习的一种检测，无论平时考试还是升学考试都是考查平时学习的内容。对考试既不能什么也不在乎，也不能过于紧张。没什么可怕的，考不好，下次努力。要保持乐观愉快的心情，不要考虑过多得失。要把平时考试当成升学考试重视，要把升学考试当成平时考试一样放松。要想"我经过的考试多了，已有了充分的准备""考试，老师监督下的独立作业，无非是换一种环境"，相信"天生我材必有用"等，坚定自己的信心。要尽早进入考场后闭目而坐，气贯丹田，四肢放松，深呼吸、慢吐气，如此进行到发卷时。

二、通览全卷，看卷面情况

拿到试卷后，一般心情比较紧张，不要忙于下笔答题，先看卷面整体是否完整，是否缺页，卷头有无总的要求或说明，再填好姓名、考号等。

三、全面审题，观整体难度

填好姓名、考号后，要从头到尾、正面反面通览全卷，先认真审题，无论什么题目都要先看清要求，弄明白后再开始答题，一定不要盲目答题。审题是解题的前提和关键，只有审清题，才能做正确。尽量从卷面上获取最多的信息，为采取正确的解题策略做全面调查，一般做到三件事：

1. 了解哪些是一眼看得出结论的简单选择或填空题，如恰好遇到已准备过的题应先答，一旦解出，情绪立即稳定。

2. 对不能立即作答的题目，可一面通览，一面粗略分为 A、B 两类：A 类指题型比较熟悉，估计上手比较容易的题目；B 类是题型比较陌生，自我感觉比较困难的题目。

3. 做到三个心中有数。对全卷一共有几道大小题心中有数，防止漏题；对每道题各占几分心中有数；大致区分一下哪些属于知识点单一题，哪些属于综合型的题。通览全卷，全面审题是克服"前面难题做不出，后面易题没时间做"的有效措施，也从根本上防止了"漏题"。

同时要注意审题要慢，做题要快。题目本身是"怎样解这道题"的信息源，所以审题一定要逐字逐句看清楚，力求从语法结构、逻辑关系、数学含义等各方面真正看懂题意。凡是题目未明显写出的，一定是隐蔽给予的，只有细致的审题才能从题目本身获得尽可能多的信息，这一步不要怕慢。

四、从易到难，不按部就班

通过审题知道哪些题是比较容易的，哪些题属于中等难度或者通过思考计算能够做出来，哪些题难度比较大。在答题时，要先易后难、先小后大、先熟后生。一般命题时排列顺序也是这个梯度，所以考生只要按照顺序做就可以。但是对于个别同学来说，情况不同或者一时想不出来，这时候就要学会"跳题"。难题先跳过，预热好再做，开始时遇到难题不顺，拿不准，弄不清，十几分钟后越做越慌。要跳过难题，往后面做，停一会儿，也许思路就会打开了，答题很顺利，之前拿不准的题也好上手了。脑袋也像机器，需要预热。

立足中下题目，力争高水平。平时做作业，都是按所有题目来完成的。但考试不能这样，只有个别的同学能交满分卷，因为时间和个别题目的难度都不允许多数学生去做完、做对全部题目，所以在答卷中要立足于难度中下题目。中下题目通常占全卷的85%以上，是试题的主要构成，是考生得分的主要来源。如能拿下这些题目，实际上就是打了个胜仗，有了胜利在握的心理，对攻克高档题会更放得开。

五、攻难克艰，不放过一分

在通览全卷、并做了简单题的第一遍解答后，情绪基本趋于稳定，大脑趋于亢奋，此后一段时间内就是发挥最佳状态或收获丰硕果实的最佳时期。实践证明，满分卷是极少数，绝大部分考生都只能拿下部分题目的部分得分。因此，这时候就要进行攻克难题，认真分析，全面思考，对能够做对或做出的题目和步骤，一定认真思考解答，一点都不放过，一分都不能跑，确保自己的状态发挥到最佳，使成绩不因自己疏忽或失误而降低。

六、书写认真，要简洁规范

找到解题方法后，书写要简明扼要，快速规范，不要拖泥带水，啰唆重复，尤忌画蛇添足。一般来说，一个原理写一步就可以了，至于不是题目考察的过渡知识，可以直接写出结论。考试允许合理省略非关键步骤。为了提高书写效率，应尽量使用专业语言、符号，这比文字叙述要节省而严谨。

七、仔细复查，确保无失误

答卷中要做到稳扎稳打，字字有据，步步准确，尽量一次成功，提高成功率。试题做完后要认真做好检查，看是否有空题、双解题，答卷是否准确，是否检验，是否带单位，所写字母与题中图形上的是否不一致，格式是否规范，是否有笔误，尤其是要审查字母、符号是否抄错，是否有答非所问的现象，如果有的话还可以补救。在确信万无一失后方可交卷，最好坚持到考试时间结束，不提前交卷。

八、脱离"角色"，不影响情绪

若后面还有其他科目考试的话，出考场不要和他人对答案，要尽快从该科的考试中脱离出来，有效防止因某题答案与别人都不一样而影响下一科的考试。因为成败尚未定论，何必"庸人自扰"。不如来个自我安慰，自我开导。稍微休息后，马上可以想一想该考的下科内容。像前面提到的"提前进入角色"那样，尽早走入下一科考试科目的内容中去。

亲爱的同学，你知道如何考试了吗？希望你要在平时考试后及时总结，反复实验，不断提高考试技巧和能力，以取得自己理想成绩。

跋

　　今天是一个春光明媚的日子。五天前是中国传统佳节中第一佳节——春节，五天后是二十四节气中第一节气——立春。可以说，一个充满希望的春天，已经来临。春天代表耕耘、播种，代表生机的萌动，代表收获与成功的开始。在这个美丽的时节，我接到为《中学生走向成功路上的自助餐》撰写后记的邀请，深为杨校长的虔诚所感动，盛情难却，唯有从命。

　　我与杨校长素未谋面。三个月前，当我第一次看到这本书稿时，内心深处便受到强烈震撼。因为它印证了我一直以来坚守的一个观点：对人最真诚和最有价值的关心，是对他人生道路上成长进步的关心。细读全书，构架精妙，寓意深刻，娓娓道来，每一章，每一节无不动人以情，晓人以理，增人以志，给人以力。心想，这是怎样一位了不起的校长？对教学的深入钻研、对学生的悉心培护、对家长的高度负责……从书中隐约可见杨校长的儒雅与博爱。

　　中学生正处在人生成长的"蹲苗期"，特别需要有营养的雨露浇灌。这本书的理论价值和实践意义，不言而喻，一目了然，给我留下了深刻而美好的印象。概括起来，主要有以下三点。

　　第一，阳春布德泽，万物生光辉。这本书正像春天，把希望洒满了大地，仿佛万物都呈现出繁荣的风貌。在春意盎然的光晕里，我们似乎已经看到，无数个中学生正如"青青园中葵"，欣然接受灿烂阳光的照

跋

163

耀。

第二，随风潜入夜，润物细无声。这本书正像春雨，伴随着温煦的和风，悄悄落入透明的春夜，无声无息，细细密密，开始滋润无数个中学生干渴的心田。

第三，春种一粒粟，秋收万颗籽。这本书正像春种，从现在的"一粒粟"到将来化为"万颗子"，不难想象，在不久的将来，在中学生成长成功的道路上，必定是一派丰收的喜人景象。

言不尽意，是以代跋。

李翔宇

2020 年 1 月 30 日

（李翔宇，男，河北曲周人。军旅作家、诗人。1998 年 12 月参军入伍。国防大学政治学院硕士研究生，现任装甲兵学院团职教员。长期在塔山英雄部队和军事院校从事思想政治教育工作。一次荣立二等功，六次荣立三等功）

参 考 文 献

1. 郑子岳. 学习只有靠自己. 北京：原子能出版社，2009.

2. 陈南. 自己拯救自己全集. 北京：中国妇女出版社，2008.

3. 李秀成. 中学生学习方法的培养和指导. 石家庄：河北教育出版社，1997.

4. 天舒. 青少年成才的 3 大能力培养. 北京：石油工业出版社，2005.

5. 张德玉. 人生哲理枕边书. 呼和浩特：内蒙古人民出版社，2008.

6. 侯书森. 中学生高效率学习的必备方法. 北京：石油工业出版社，2007.

7. 王灿明，王瑞清. 高效能学习的 78 个金点子. 上海：华东师范大学出版社，2008.

8. 王凡. 成功学法则全集. 北京：西苑出版社，2009.

9. 金沙. 好习惯成就好人生. 长春：吉林教育音像出版社，2009.

10. 徐保平，游一行. 影响中小学生成长的 99 个故事. 北京：中国时代经济出版社，2006.

后　记

　　本书是在日常学习国内外一些知名专家学者的著作、研究成果和网络作品时积累的一些优秀故事和心得体会，借鉴、参考和引用了一些较好内容和观点，由于当时记录不全，涉及时间较长，有些内容未能标清出处，敬请谅解。在此，谨向各位专家、学者以及为本书撰写序和跋并进行指导的翟曒教授和军旅作家、诗人李翔宇老师致以崇高的敬意和衷心的感谢！受沟通所限，未能与所有作者都取得联系，如有不妥，请与我们联系，E-mail:cglszzc@163.com.

编　者

2020 年 11 月